WISSENSCHAFTLICHE ABHANDLUNGEN

NR. 28

BEZIEHUNGEN ZWISCHEN MENGE UND ZUSAMMENSETZUNG DES SERUMEIWEISSES UND DER LEISTUNG UND KÖRPERFORM BEI KÜHEN DES SCHWARZBUNTEN NIEDERUNGSRINDES

von

EKKEHARD WIESNER

1957

DEUTSCHE AKADEMIE
DER LANDWIRTSCHAFTSWISSENSCHAFTEN ZU BERLIN

AKADEMIE-VERLAG · BERLIN

ANSCHRIFT DES VERFASSERS:
DOZENT DR. MED. VET. HABIL. EKKEHARD WIESNER
BERLIN N 4, HANNOVERSCHE STRASSE 27–29

1957
Herausgegeben von der Deutschen Akademie der Landwirtschaftswissenschaften zu Berlin
Vorgelegt von Prof. Dr. Stahl und Prof. Dr. Dr. Schützler
Redaktionsschluß: Oktober 1955
Erschienen im Akademie-Verlag GmbH, Berlin W 8, Mohrenstraße 39
Lizenz-Nr. 202 · 100/418/57
Satz und Druck: Druckhaus „Maxim Gorki", Altenburg
Bestell- und Verlagsnummer: 2068/57/28
Printed in Germany

Inhaltsverzeichnis

I. Einleitung

Mehr denn je ist die Zucht auf Wirtschaftlichkeit heute in allen Kulturstaaten das erste Ziel der Zucht landwirtschaftlicher Nutztiere. Hohe Wirtschaftlichkeit läßt sich aber auf die Dauer nur von gesunden Tieren erreichen. Neben der Beachtung der Erbfehler gilt daher das ganze Augenmerk des Züchters der Konstitution, jenem erblich festgelegten Reaktionsvermögen des Körpers gegenüber Leistungsanforderungen und sonstigen Umwelteinflüssen. Aus den Versuchen, sich das verschiedene Verhalten der einzelnen Individuen gegenüber den auf sie einwirkenden Umwelteinflüssen zu erklären, erwuchs die Konstitutionslehre. Das Konstitutionsproblem ist somit in der Tierzucht kein Teilproblem, es ist das Problem der Tierzüchtung, es ist das Leistungsproblem (KRONACHER, 73). Neben der Gesamtkonstitution unterscheiden wir für jede Zelle, jedes Organ und Organsystem eine besondere, wiederum durch Erbanlagen festgelegte Teil- oder Partialkonstitution, die sich ihrerseits im Erbgang völlig unabhängig gegenüber einer anderen Teilkonstitution verhält. Grundlegend für die Art der Konstitution ist also in jedem Falle der Genotyp.

Für die praktische Tierzucht ist es nun von Bedeutung, wissenschaftlich fundierte und praktisch anwendbare Maßstäbe für die Erfassung von Konstitution und Gesundheit zu finden. Derartige Hilfsmittel lassen sich nach ENGELER (27) in 3 Gruppen einteilen:

1. Baubestandteile und innere Funktionen des Tierkörpers, wobei v. d. MALSBURG (91) vor 4 bis 5 Jahrzehnten die Beurteilung der Zellgröße verwandte, spätere Autoren das morphologische Blutbild benutzten und in neuerer Zeit auch die innersekretorischen Drüsen und ihre Funktionen zur Konstitutionsbeurteilung heranzogen.

2. Äußere Formmerkmale, bei denen DUERST (25) beim Rind in Anlehnung an die humanmedizinische Einteilung in Atmungs- und Verdauungstyp unterschied, haben ihre Nichteignung als Kennzeichen der Gesundheit gezeigt, da beide Typen mehr Ausdruck des Stoffwechsels und damit der spezifischen Leistung (Milch bzw. Mast) als der Konstitution sind. Die Erfahrungen haben weiterhin bewiesen, daß auch im Exterieur hochstehende Herden unter Umständen schlechte Zuchterfolge haben können, wie ENGELER (27) an der unbedeutenden und statistisch nicht gesicherten Korrelation zwischen Exterieurpunktzahl und Kälberzahl bei 217 Rindern nachwies:

$$r = +0{,}1332 \pm 0{,}068$$

3. Bester Maßstab für Konstitution und Gesundheit sind nach unseren bisherigen Kenntnissen die allgemeine Dauerleistung und die allgemeine und spezifische Resistenz des Tieres gegen Infektionen. „Kühe, die bei regelmäßiger Abkalbung Lebensleistungen von 50000 kg Milch bringen, haben ihre Konstitutionsprüfung bestanden" (ENGELER, 27). Leistungsprüfungen zur Trennung der Plus- von den Minusvarianten sind daher als wichtige züchterische Maßnahme zur Verbesserung von Gesamtkonstitution und Gesundheit zu betrachten, obwohl beispielsweise noch GAUDE (35) 1911 jeden Zusammenhang zwischen Konstitution und Leistung bestritt.

In der vorliegenden Arbeit sollte versucht werden, durch die Anwendung einiger bekannter Serumeiweiß-Labilitätsreaktionen Korrelationen zwischen diesen und dem körperbaulichen Leistungstyp der Rinder und insbesondere der Leistung selbst und damit über diesen Umweg Beziehungen zur Konstitution zu finden. Obwohl die erwähnten ähnlichen Arbeiten mit Hilfe des morphologischen Blutbildes wegen seiner zu großen Umweltlabilität negativ verliefen, wurden die vorliegenden Versuche bewußt in diese Richtung gelenkt, weil zwischen Serumeiweiß und Leistung bzw. Konstitution sicherlich ein engerer Zusammenhang besteht als zwischen Blutbild und Konstitution. Damit dürfte auch die Hoffnung für das Auffinden einer Korrelation größer und damit die Berechtigung für derartige Arbeiten gegeben sein. Dies um so mehr, als ja HIRSZFELD (60) bereits 1924 auf Grund seiner Arbeiten feststellte: „. . . Die Auffassung, die sich nach den Isoantikörperstudien aufdrängt, ist, daß das Serum nicht nur eine Mischung von Wasser, Elektrolyten, Abbauprodukten und dergleichen ist, sondern daß es eine bestimmte k o n s t i t u t i o n e l l bedingte Form hat, eine biochemische Struktur, den morphologischen und biochemischen Zellstrukturen vergleichbar".

In neuerer Zeit hat 1949 auch gerade erst wieder SCHÄPER (118) gefordert, „durch weitere Forschungen bei unseren landwirtschaftlichen Nutztieren enge und praktisch außerordentlich wichtige Zusammenhänge zwischen Blut und Konstitution zu finden".

Nach Erwähnung einiger rechnerischer Einzelheiten (II) werden im Abschnitt III der Arbeit zunächst die genannten Serumeiweiß-Labilitätsreaktionen zu verschiedenen Krankheitsbildern beim Rind in Beziehung gesetzt. Sinn dieser Vorversuchsreihe ist die Feststellung, ob die genannten Reaktionen in ihrem Resultat übereinstimmen und sich dadurch das nebeneinander erfolgende Arbeiten mit allen drei Testen erübrigen würde. Außerdem ist dabei zu prüfen, in welchem Umfang die Reaktionen konditionell, in diesem Fall krankheitshalber, beeinflußbar sind, da als konstitutionell kennzeichnend nur solche Eigenschaften in Frage kommen, denen ein gewisses Maß von Beständigkeit eignet. Dem ersteren Zweck dienen auch die Vorversuche des Abschnittes IV, in denen die drei Reaktionen unabhängig von der gesundheitlichen Beschaffenheit des Versuchsmaterials gegenseitig zueinander in Beziehung gebracht werden. Der Versuchsabschnitt V ermittelt, ob die einzelnen Krankheitsgruppen eine Vermehrung bestimmter Globulinunterfraktionen hervorrufen, wobei ein positiver Befund bereits in hohem Maße ausschließen würde, daß die Globulinveränderungen auch durch andere Ursachen bedingt sein können als nur durch Krankheitszustände. Aus dem gleichen Grunde soll im Abschnitt VI schließlich festgestellt werden, ob Korrelationen zwischen dem Blutbild und den Serumeiweißreaktionen bestehen, bevor die Abschnitte VII und VIII die Beziehungen des Serumeiweißes zu Leistung und Körperbautyp näher untersuchen.

II. Technischer Teil

Die quantitative Serumeiweißbestimmung

Bei den hier vorliegenden Untersuchungen wurde die Feststellung des quantitativen Eiweißgehaltes zunächst mit Hilfe der Methode des „schwebenden Tropfens“ bestimmt, bei der als Testlösungen Brombenzol und Kerosen Verwendung finden. Aus technischen Gründen mußte jedoch nach einiger Zeit die Methodik gewechselt werden, so daß etwa die Hälfte aller Seren mit der Kupfersulfatmethode nach PHILIPP und VAN SLYKE bestimmt werden mußte. Diese Umstellung konnte ohne Beeinträchtigung der Versuchsergebnisse vorgenommen werden, da bei 25 Seren, die vergleichend nach beiden Methoden untersucht wurden, die Differenz lediglich 0,161 g% zugunsten der Kupfersulfatmethode betrug, also innerhalb der subjektiven Fehlergrenze beider Methoden lag.
Als Mittelwerte des Gesamteiweißgehaltes gelten nach WIESNER (149) bei gesunden Rindern im Blutserum:

Rind	7,2 g%	
Kalb bzw. Jungrind . . .	6,7 g%	Serumprotein

Zur Erzielung einwandfrei miteinander vergleichbarer Ergebnisse hat es sich, wie Vorversuche (s. nachfolgende Tafel) zeigten, als notwendig erwiesen, die Blutentnahmen stets zur gleichen Tageszeit vorzunehmen, da der Gesamtproteingehalt des Serums stärkeren tageszeitlichen, durch die Fütterung bedingten Schwankungen unterworfen ist, die bis zu 1 g% betragen können.

Die Kadmiumsulfatreaktion (Kd. R.)

Die besonders eine Vermehrung von γ-, aber auch α-Globulin im Serum anzeigende Reaktion wurde in der von WUNDERLY und WUHRMANN (163, 169) beschriebenen Methode angewandt. Beim Rind ist der Ausgang der Kd. R. normalerweise negativ (WIESNER, 149).

Die Formolgelreaktion

Die eine relative Vermehrung der Globuline, insbesondere der γ-Globuline, anzeigende Probe wurde 1920 erstmalig von GATÉ und PAPACOSTAS beschrieben, sie ist nach WIESNER (149) bei gesunden Rindern in etwa zwei Drittel der Fälle negativ, bei Kälbern zu etwa 90%.

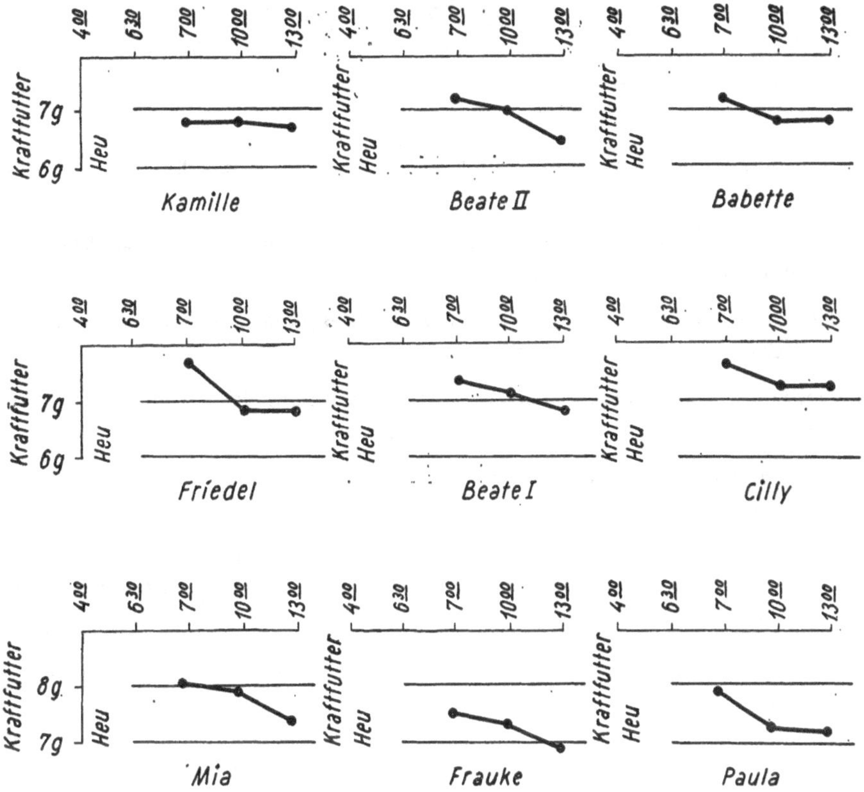

Das Weltmannsche Koagulationsband (W. K. B.)

Die von O. WELTMANN 1931 (143) beschriebene Labilitätsprobe zeigt beim erwachsenen Rind nach WIESNER (17, 149) als Normalwerte eine Kalziumchloridkonzentration von 0,5–0,3$^0/_{00}$ mit einer Streuung bis 0,2$^0/_{00}$, beim Kalb bzw. Jungrind 0,5–0,3$^0/_{00}$ mit einer Streuung bis 0,6$^0/_{00}$ bzw. 0,2$^0/_{00}$.

Die Papierelektrophorese

Die Technik der Papierelektrophorese wurde mit geringeren Abänderungen in der von GRASSMANN und HANNIG (42) beschriebenen Weise durchgeführt. Als Pufferlösung fand der modifizierte Michaelis-Puffer Verwendung, die Färbung der Filtrierpapierstreifen nach der Trennung der Proteine erfolgte mit gesättigter Amidoschwarzlösung.

Die Ermittlung der Globulinunterfraktionen

Durch die Kombination des Weltmannschen Koagulationsbandes mit der Kadmiumsulfatreaktion ermittelten WUHRMANN, WUNDERLY und HUGEN-

TOBLER (166) und bestätigte OPPERMANN (101) beim Menschen folgende Reaktionskonstellationen, die es gestatten, ein ungefähres Bild über das Spektrum der Globulinunterfraktionen zu erhalten, sofern nur eine, höchstens zwei Unterfraktionen vermehrt sind.

1. Verkürztes Weltmannband bei positiver Kadmiumreaktion: Zunahme der α-Globuline.
2. Verkürztes Weltmannband bei negativer Kadmiumreaktion: Zunahme der β_1-Globuline.
3. Normales Weltmannband bei positiver Kadmiumreaktion: Zunahme der β_2 Globuline oder der $\alpha + \gamma$-Globuline.
4. Normales Weltmannband bei negativer Kadmiumreaktion: normale Serumeiweißverhältnisse oder $\beta_1 + \gamma$-Zunahmen.
5. Verbreitertes Weltmannband bei positiver Kadmiumreaktion: Zunahme der γ-Globuline.
6. Verbreitertes Weltmannband bei negativer Kadmiumreaktion: seltene spezielle Verhältnisse der Blutproteine, meistens mit γ-Globulinvermehrung verbunden.

Die Konstellationen 1, 2 und 5 zeigen eindeutige Verhältnisse, für die Konstellationen 3 und 6 kann jedoch nur die Elektrophorese entscheidend wirken, bei 4 kann durch das Ergebnis einer gleichzeitig vorgenommenen Blutsenkungsreaktion geklärt werden, die unter normalen Verhältnissen nicht beschleunigt ist.

Da diese Konstellationen jedoch für das menschliche Serum aufgestellt sind, das normale Pherogramm des Rindes aber ein anderes Bild zeigt als das des Menschen, mußte vor ihrer Verwendung zunächst ihre Gültigkeit für Rinderserum durch etwa 80 elektrophoretische Untersuchungen geprüft werden, wobei eine gute Übereinstimmung ermittelt wurde:

Beispiel für 1:

Kadmiumreaktion positiv
Weltmannsches Koagulationsband 0,6‰ und 0,5‰ } Vermehrung der α-Globuline

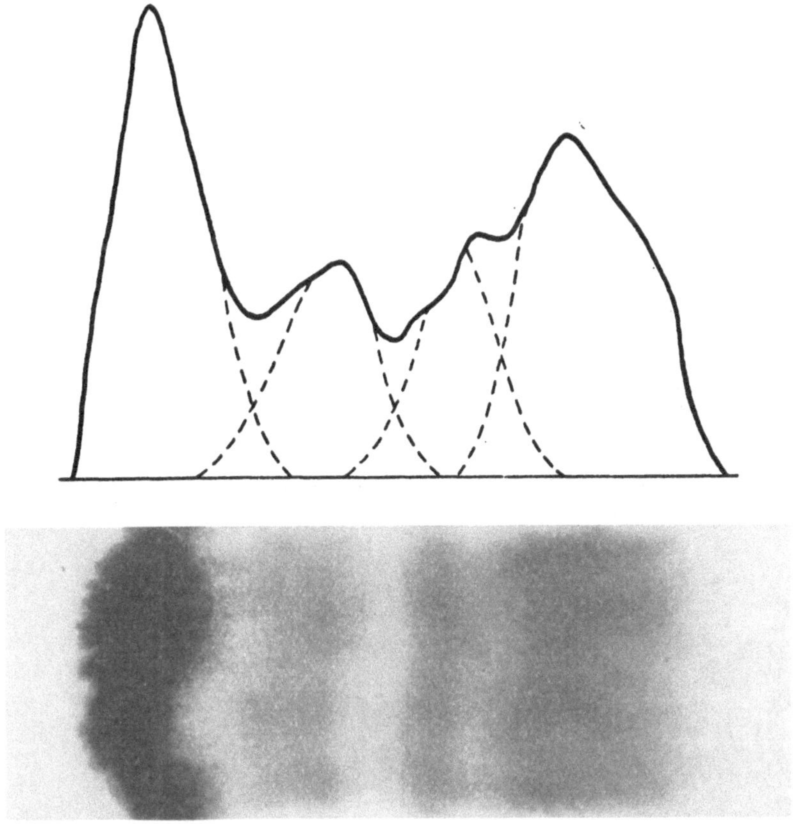

	A	α	β	γ
Rind 739	32,5%	17,5%	15%	35%

Die Ermittlung gesunder Rinder

Als gesund im Sinne dieser Arbeit galten alle klinisch gesunden Tiere, die bei der intrakutanen Tuberkulinprobe negativ reagierten, deren Blut- und Milchserum bei Langsamagglutination keinen Abortus-Bang-Titer aufwies und deren Milch bei der Untersuchung keinen Anlaß bot, das Vorliegen einer Streptokokkenmastitis anzunehmen. Als krank galten Tiere, die bei den genannten Untersuchungen positiv reagierten.

Beispiel für 2:

Kadmiumreaktion negativ Weltmannsches Koagulationsband 0,6‰ und 0,5‰	Vermehrung der β_1-Globuline

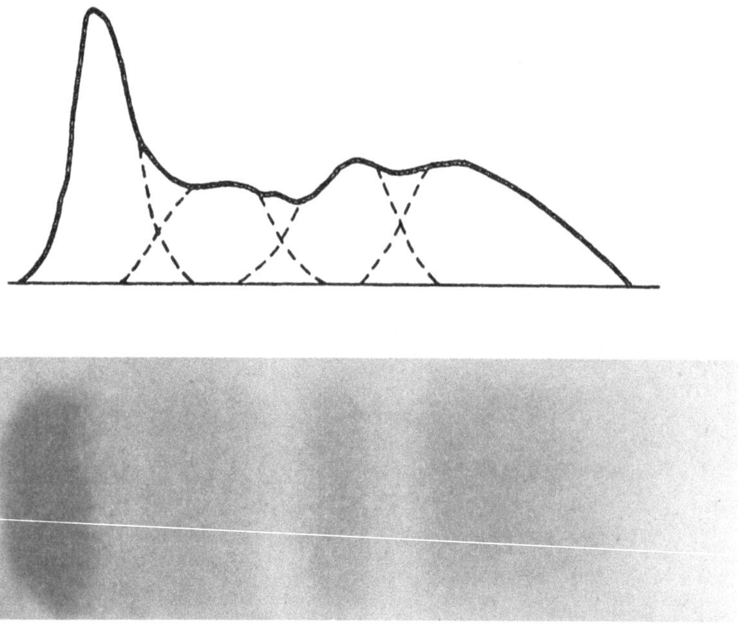

	A	α	β	γ
Rind 45962	32%	18%	21%	29%

Die Durchführung der Blutuntersuchungen

Der Reststickstoff wurde in der üblichen Weise bestimmt. Die Zählung der Erythrozyten und Leukozyten erfolgte in der Zählkammer nach BÜRKER, der Hämoglobingehalt wurde nach SAHLI und die Blutkörperchen-Senkungsgeschwindigkeit nach der WESTERGREEN-Makromethode ermittelt. Die Färbung des Differentialblutes erfolgte nach PAPPENHEIM. Nach eigenen Untersuchungen können innerhalb des gesamten zu den Vor- und Hauptversuchen benutzten Rindermaterials folgende Werte als normal angesehen werden:

Beispiel für 3:

Kadmiumreaktion positiv
Weltmannsches Koagulationsband 0,4‰ } β_2 oder α- + γ-Globuline vermehrt

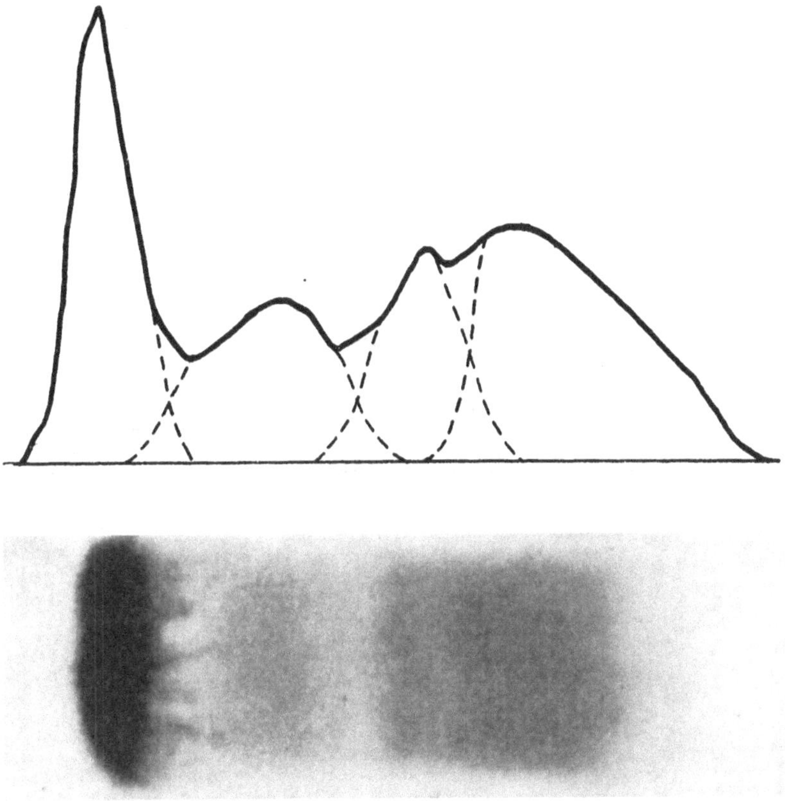

	A	α	β	γ
Rind 8	28%	21%	16%	35%

Kleine Lymphozyten	. . . .	64	(46,5–81)
Große Lymphozyten	. . . .	2	(0–5)
Neutrophile	a) stabkernig	3	(0–5)
	b) segmentkernig	22	(11,5–33,5)
Eosinophile	. . . .	5,5	(1–10)
Basophile	. . . .	0,3	(0–1)
Monozyten	. . . .	3	(0–5)

Beispiel für 4:

Kadmiumreaktion negativ
Weltmannsches Koagulationsband 0,4‰ } normal oder $\beta_1 + \gamma$-Globuline vermehrt

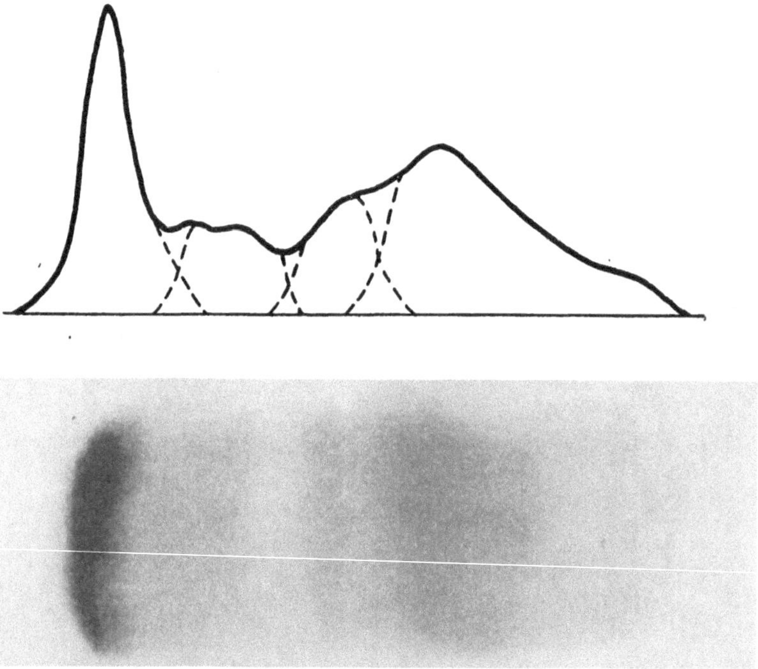

	A	α	β	γ
Rind 44900	35%	14%	14%	37%

Die Meßpunkte am Tierkörper

Bei der Messung der Tiere fanden folgende Maße Anwendung: Widerristhöhe, Rückenhöhe, Kreuzbeinhöhe, Schwanzwurzelhöhe, Brusttiefe, Rumpflänge, Beckenlänge, Röhrbeinumfang, Rippenbrustbreite, Hüftbreite, Umdreherbreite und Sitzbeinbreite.

Die Körperindizes

Zur Darstellung der Proportionsverhältnisse zwischen zwei oder mehreren absoluten Maßzahlen von Körperregionen, die in hpysiologischer oder anatomisch-

Beispiel für 5:

Kadmiumreaktion positiv
Weltmannsches Koagulationsband 0,3‰ bis 0,1‰ } γ-Globuline vermehrt

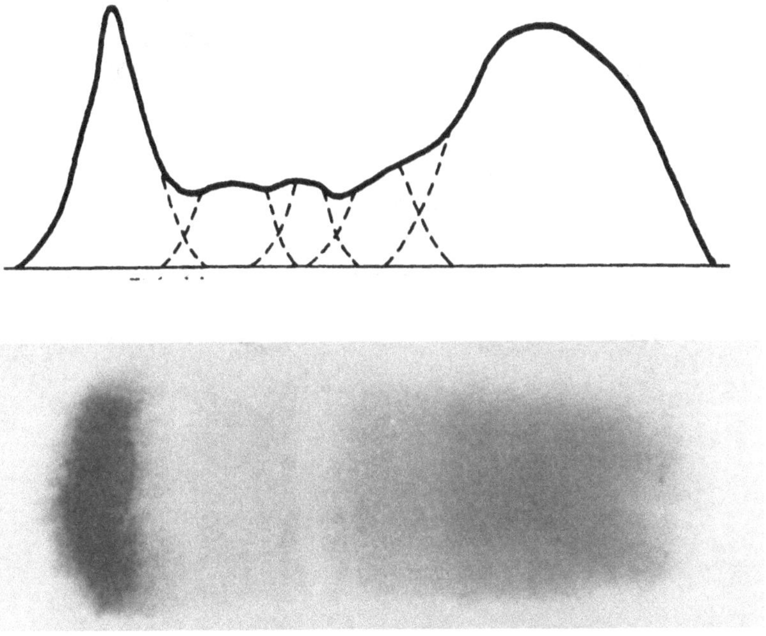

	A	α_1	α_2	β	γ
Rind 683	22%	8%	5%	9%	56%

mechanischer Korrelation stehen, wurden innerhalb dieser Arbeit folgende Indizes verwendet:

1. der seitliche Körperformatindex

$$\frac{\text{Widerristhöhe} \times 100}{\text{Rumpflänge}}$$

2. der quere Körperformatindex

$$\frac{\text{Rippenbrustbreite} \times 100}{\text{Widerristhöhe}}$$

Beispiel für 6:

Kadmiumreaktion negativ Weltmannsches Koagulationsband 0,3‰ bis 0,1‰	spezifische Verhältnisse, zumeist Vermehrung der γ-Globuline

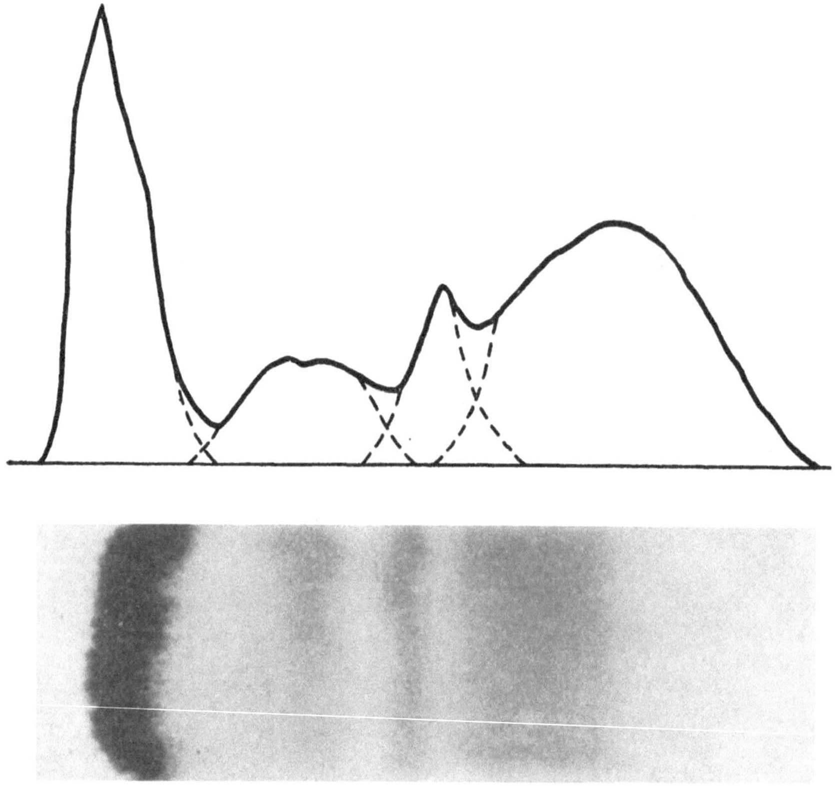

	A	α	β	γ
Rind 763	31%	13%	9%	47%

3. der quere Rumpfformatindex oder Brustkorbindex

$$\frac{\text{Rippenbrustbreite} \times 100}{\text{Brusttiefe}}$$

4. der Brusttiefenindex

$$\frac{\text{Brusttiefe} \times 100}{\text{Widerristhöhe}}$$

5. der Rumpfgrundflächenindex

$$\frac{\frac{\text{Rippenbrustbreite} + \text{Hüftbreite}}{2} \times 100}{\text{Rumpflänge}}$$

6. der Index der Rumpfgedrungenheit

$$\frac{\text{Rumpflänge} \times 100}{\text{Brustumfang}}$$

7. der Rumpfvolumenindex

$$\frac{\text{Rippenbrustbreite} \times \text{Brusttiefe} \times \text{Rumpflänge}}{10000}$$

8. der Rippenwölbungsindex (nach GEHRKE)

$$\frac{\text{Brustumfang} \times 100}{2\,(\text{Brustbreite} + \text{Brusttiefe})}$$

9. der Hüftweitenindex

$$\frac{\text{Beckenlänge} \times 100}{\text{Hüftbreite}}$$

10. der BARONsche Index der Knochenstärke

$$\frac{\text{Röhrbeinumfang} \times 100}{\text{Brustumfang}}$$

11. der Röhrbeinbelastungsindex

$$\frac{\text{Röhrbeinumfang} \times 100}{\text{kg Lebendgewicht}}$$

Biometrik

Um das im Rahmen dieser Arbeit anfallende biologische Material einwandfrei verarbeiten und auswerten zu können, fanden sämtliche Zahlen ihre mathematisch-methodische Auswertung. Nach KRONACHER (72) wurden der Mittelwert (M), die Streuung (σ), der BEARSONsche Variationskoeffizient (v) und der mittlere Fehler (m) errechnet. Fälle von alternativer Variabilität wurden nach J. BAUER berechnet, varianzanalytische Nachprüfungen nach MUDRA (94). Die Durchführung der Korrelationsrechnung erfolgte wiederum nach KRONACHER.

III. Beziehungen der Serumeiweißreaktionen zu verschiedenen Rinderkrankheiten

(Eigene Vorversuche)

Beziehungen der Serumeiweißreaktionen zu verschiedenen Krankheitsbildern beim Rind

Im Serum des gesunden Individuums herrscht ein je nach der Tierart verschieden konstantes Verhältnis zwischen Albumin und Globulin und innerhalb der einzelnen Globulinunterfraktionen. Nach eigenen elektrophoretischen Untersuchungen und denen von LÜNEBURG (88) beträgt dieses Verhältnis beim erwachsenen Rind etwa:

Albumin	42,78%	(7,77 – 14,69)
α-Globulin	11,30%	(37,99 – 47,76)
β-Globulin	12,30%	(8,13 – 15,98)
γ-Globulin	33,58%	(26,36 – 36,78)

In der Humanmedizin haben schon in früherer Zeit Versuche ergeben, daß bei normalem Serumeiweißbild die in dieser Arbeit zur Prüfung stehende Kadmiumsulfat-Trübungsreaktion (163) und die Formolgelprobe (82, 83, 84, 158) einen negativen Ausgang zeigten, das WELTMANNsche Kalziumchlorid-Hitzekoagulationsband (83, 143, 144, 145, 160, 161, 162) eine als Normalwert bezeichnete Konzentration von 0,5 – 0,4‰. Entsprechende Untersuchungen von WIESNER (149) an verschiedenen Haustierarten ermittelten auch hier die Normalwerte negativ bzw. 0,5 – 0,3‰ beim Rind.

Bevor an dieser Stelle überhaupt versucht werden sollte, Korrelationen zwischen Serumeiweiß und Leistung zu finden, war zu ermitteln, inwieweit die Serumeiweißreaktionen als Hilfsmittel für die Einteilung in Globulinunterfraktionen nach der auf den Seiten 5 – 12 beschriebenen Methodik durch das Bestehen eines Krankheitsbildes beeinflußbar wären. Untersuchungen, die WIESNER (149) früher bereits bei an Abortus Bang erkrankten Rindern andeutete und die HORN und BOGUTH (62) an einem etwas größeren Tiermaterial durchführten, vermochten keine einwandfreie Erklärung für den positiven oder negativen Ausfall einer Serumeiweißreaktion zu geben. Beim gleichen pathologisch-anatomischen oder serologischen (z. B. Bangtiter) Krankheitsbild fanden letztere einen durchaus verschiedenen Ausgang der Reaktionen, der auf einen Unterschied im Serumeiweißbild schließen ließ. So zeigten beispielsweise bei chro-

nischer Organtuberkulose und Frühgeneralisation 60% der 18 untersuchten Rinder eine negative, 40% eine positive Kadmiumreaktion.
Eine Reihe von humanmedizinischen Untersuchungen haben ergeben, daß die Positivität der Kadmiumreaktion und der Formolgelprobe im wesentlichen durch eine Vermehrung des relativ labilen γ-Globulins, das als Träger der Abwehrstoffe des Körpers definiert werden muß, bedingt wird. Wenn also beim völlig gleichen Krankheitsbild zweier Tiere ein verschiedener Ausgang der Eiweißreaktionen besteht, so wäre dies zweifellos ein Zeichen verschieden ausgeprägter Fähigkeit der Tiere, Abwehrstoffe zu bilden und damit ein Zeichen der Konstitution, und könnte zum prognostischen Vergleich beider Krankheitsfälle dienen. Voraussetzung ist natürlich die völlige Wesensgleichheit beider Krankheitsbilder, da es abwegig wäre, ein Tier mit Niederbruchstuberkulose und positiven Reaktionen prognostisch günstiger zu veranschlagen als ein Tier mit einem Primärkomplex und negativer Reaktion. Selbstverständlich sollte dann ein Tier mit positiver Eiweißreaktion von vornherein bedenklich erscheinen.
Das Vermögen des Körpers, als Reizbeantwortung mehr oder minder reichlich Abwehrstoffe zu bilden, ist z. T. durch Umwelteinflüsse (Fütterung, Überanstrengung, Trächtigkeit usw.), in hohem Maße jedoch konstitutionell bedingt. Es wäre sonst nicht möglich, beim gleichen Krankheitsbild einen verschiedenen Ausgang der Eiweißreaktionen zu beobachten. In der breiten Praxis sehen wir diese Tatsache bereits ständig, unter anderem am Beispiel der verschiedenen Resistenz der einzelnen Rinder gegenüber der Tuberkulose. Man benutzt diese Resistenz in richtiger Erkenntnis daher in immer stärker werdendem Umfang bei der züchterischen Bekämpfung dieser Geißel unseres Rinderstapels.
Für die Auswertung der Serumeiweißreaktionen und die Ermittlung der Beziehungen zur Leistung und damit der Konstitution war es daher zunächst erforderlich, den Ausgang der Kadmiumreaktion, der Formolgelprobe und des Weltmannschen Koagulationsbandes bei verschiedenen Krankheiten des Rindes (Tuberkulose, Abortus Bang, Gelber Galt) zu vergleichen. Eine völlige Übereinstimmung der 3 Reaktionen würde zumindest die Ermittlung von Beziehungen aller 3 Proben zur Konstitution und Leistung erübrigen und die Beschränkung auf die Untersuchung einer Reaktion ermöglichen.
Der Ausgang der 3 Serumeiweißreaktionen (die hier stets an den gleichen Tieren durchgeführt wurden) bei den einzelnen Krankheiten gestattet es weiterhin bereits, einen groben Überblick zu gewinnen, ob jedes kranke Tier unbedingt eine gleich starke Erhöhung der γ-Globulinwerte zeigt, wie sie die Humanmedizin sieht, oder ob hier verschiedene, möglicherweise konstitutionsbedingte Abstufungen des Bildungsvermögens von Abwehrstoffen auftreten können.

a) gesunde Rinder

Kadmium ⊖	300 =	88,76%	Formolgel I	191 =	74,61%
Kadmium +	32 =	9,47%	Formolgel II	43 =	16,80%
Kadmium ++	6 =	1,77%	Formolgel III	12 =	4,68%
Kadmium +++	—	—	Formolgel IV	10 =	3,91%
	338			256	

Weltmannsches Koagulationsband	0,6‰	8	= 3,58%
	0,5‰	55	= 24,65%
	0,4‰	63	= 29,30%
	0,3‰	64	= 30,84%
	0,2‰	24	= 11,16%
	0,1‰	1	= 0,47%
		215	

b) tuberkulöse Rinder

Kadmium ⊖	89 = 55,98%		Formolgel I	38 = 26,76%
Kadmium +	54 = 33,95%		Formolgel II	34 = 23,95%
Kadmium ++	12 = 7,55%		Formolgel III	49 = 34,50%
Kadmium +++	4 = 2,52%		Formolgel IV	21 = 14,79%
	159			142

Weltmannsches Koagulationsband	0,6‰	—	= —
	0,5‰	13	= 9,16%
	0,4‰	38	= 26,76%
	0,3‰	45	= 31,68%
	0,2‰	41	= 28,88%
	0,1‰	5	= 3,52%
		142	

c) Rinder mit Bangtiter

Kadmium ⊖	58 = 60,42%		Formolgel I	36 = 55,39%
Kadmium +	19 = 19,79%		Formolgel II	13 = 20,00%
Kadmium ++	17 = 17,71%		Formolgel III	12 = 18,46%
Kadmium +++	2 = 2,08%		Formolgel IV	4 = 6,15%
	96			65

Weltmannsches Koagulationsband	0,6‰	1	= 1,54%
	0,5‰	5	= 7,69%
	0,4‰	29	= 44,61%
	0,3‰	14	= 21,54%
	0,2‰	16	= 24,62%
	0,1‰	—	= —
		65	

d) Rinder mit Tuberkulose und Abortus Bang

Kadmium ⊖	107 = 64,46%		Formolgel I	53 = 34,19%
Kadmium +	34 = 20,48%		Formolgel II	37 = 23,87%
Kadmium ++	13 = 7,83%		Formolgel III	41 = 26,45%
Kadmium +++	12 = 7,23%		Formolgel IV	24 = 15,49%
	166			155

Weltmannsches Koagulationsband	0,6‰	2	= 1,27%
	0,5‰	12	= 7,60%
	0,4‰	44	= 27,85%
	0,3‰	62	= 39,23%
	0,2‰	35	= 22,15%
	0,1‰	3	= 1,90%
		158	

e) Rinder mit Gelbem Galt

Kadmium ⊖	2 = 66,67%	Formolgel I	— = —
Kadmium +	1 = 33,33%	Formolgel II	— = —
Kadmium ++	— = —	Formolgel III	2 = 66,67%
Kadmium +++	— = —	Formolgel IV	1 = 33,33%
	3		3

Weltmannsches Koagulations-	0,6‰	— = —
band	0,5‰	1 = 33,33%
	0,4‰	— = —
	0,3‰	2 = 66,67%
	0,2‰	— = —
	0,1‰	— = —
		3

f) Rinder mit Tuberkulose und Gelbem Galt

Kadmium ⊖	14 = 46,67%	Formolgel I	6 = 21,43%
Kadmium +	13 = 43,33%	Formolgel II	7 = 25,00%
Kadmium ++	3 = 10,00%	Formolgel III	11 = 39,28%
Kadmium +++	— = —	Formolgel IV	4 = 14,29%
	30		28

Weltmannsches Koagulations-	0,6‰	— = —
band	0,5‰	— = —
	0,4‰	6 = 20,00%
	0,3‰	13 = 43,33%
	0,2‰	9 = 30,00%
	0,1‰	2 = 6,67%
		30

g) Rinder mit Bangtiter und Gelbem Galt

Kadmium ⊖	2 = 100,00%	Formolgel I	— = —
Kadmium +	— = —	Formolgel II	1 = 50,00%
Kadmium ++	— = —	Formolgel III	— = —
Kadmium +++	— = —	Formolgel IV	1 = 50,00%
	2		2

Weltmannsches Koagulations-	0,6‰	— = —
band	0,5‰	— = —
	0,4‰	— = —
	0,3‰	— = —
	0,2‰	1 = 50,00%
	0,1‰	1 = 50,00%
		2

h) Rinder mit Tuberkulose, Abortus Bang und Gelbem Galt

Kadmium ⊖	22 = 55,00%	Formolgel I	3 = 7,89%
Kadmium +	8 = 20,00%	Formolgel II	6 = 15,79%
Kadmium ++	7 = 17,50%	Formolgel III	16 = 42,11%
Kadmium +++	3 = 7,50%	Formolgel IV	13 = 34,21%
	40		38

Weltmannsches Koagulationsband	0,6‰	—	=	—
	0,5‰	3	=	7,89%
	0,4‰	3	=	7,89%
	0,3‰	18	=	47,37%
	0,2‰	14	=	36,85%
	0,1‰	—	=	—
		38		

Zur besseren Vergleichsmöglichkeit sind die Ergebnisse der vorstehenden Gruppen a) bis h) nachfolgend graphisch dargestellt.

I. Cadmiumsulfattrübungsreaktion

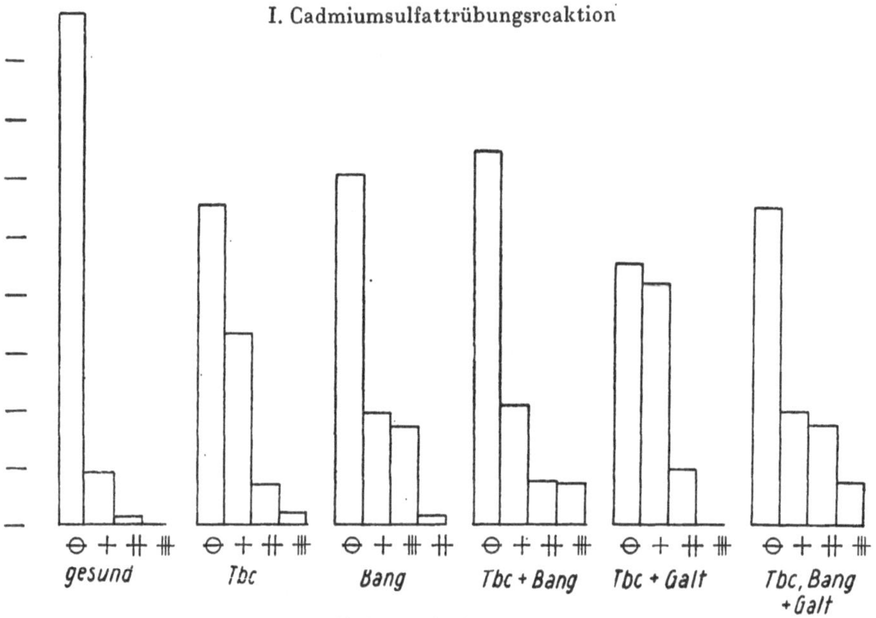

II. Formolgelprobe

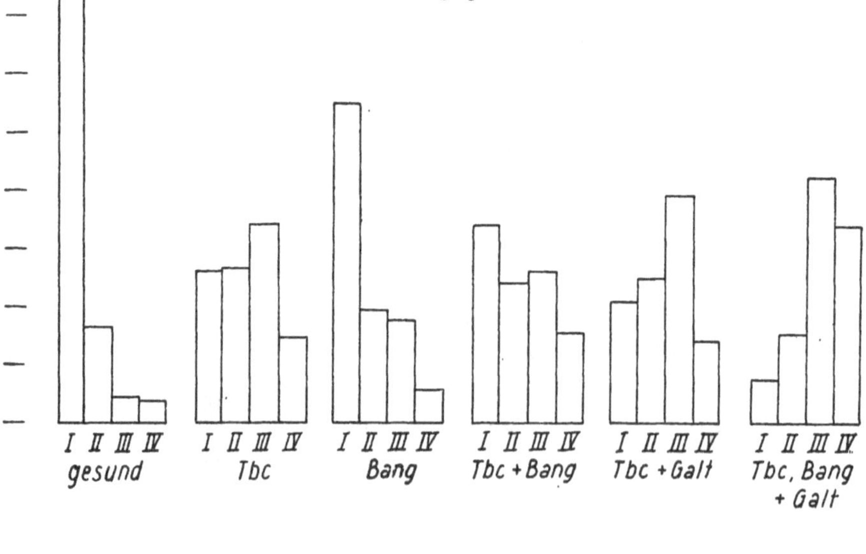

III. Weltmannsches Koagulationsband

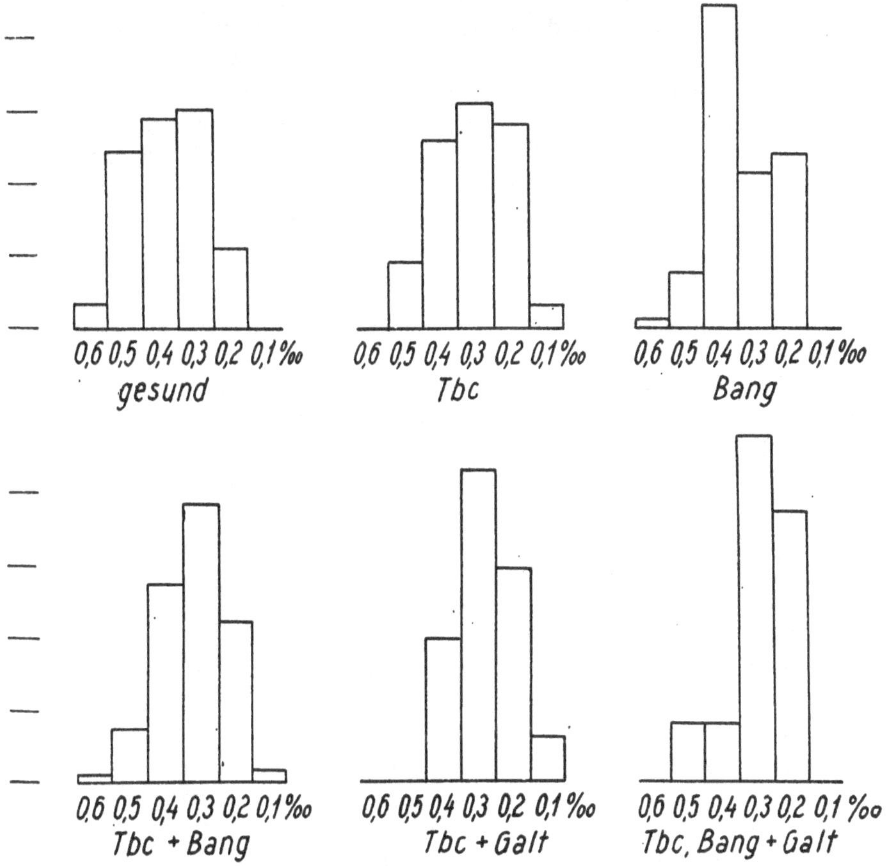

Von Interesse war es weiterhin, die vorstehend bezeichneten Krankheitsgruppen zum Gesamtproteingehalt des Serums in Beziehung zu setzen. Wenn auch die hierbei auftretenden Differenzen zwischen den aufeinanderfolgenden Gruppen zum Teil zu gering waren, um sie varianzanalytisch zu sichern, so ist doch die steigende Tendenz des Gesamtproteingehaltes mit der Schwere des Krankheitsbildes unverkennbar:

	n	M	σ	m	v
Gesunde Rinder	114	5,9965	0,6532	0,0612	10,893
Rinder mit Bangtiter	44	6,3909	0,7310	0,1102	11,438
Tuberkulöse Rinder	89	6,8112	0,7109	0,0754	10,437
Rinder mit Tbc und Bang	145	6,8200	0,7249	0,0602	10,629
Rinder mit Tbc und Galt	16	7,1875	0,6651	0,1663	9,254
Rinder mit Tbc, Bang und Galt	32	7,1875	0,8586	0,1518	11,838

Zusammenfassung der Ergebnisse des Vorversuchs III

1. Bei der Gegenüberstellung der Ergebnisse der Kadmiumsulfatreaktion bei den einzelnen Krankheiten beim Rind zeigte es sich, daß unabhängig von der Krankheit in allen Gruppen die Mehrzahl der Seren, im niedrigsten Falle mindestens 55%, kadmiumnegativ reagierten. Das Vorliegen einer der schweren chronischen Infektionskrankheiten Tuberkulose, Abortus Bang oder Gelber Galt ruft also keineswegs stets eine positive Kadmiumreaktion hervor, wobei außerdem die Schwere des Krankheitsbildes[1]) der einzelnen Gruppen sich nicht streng parallel zur Anzahl der positiven Reaktionen in diesen Gruppen verhält.

2. Ein weit empfindlicherer Anzeiger für das Vorliegen von Infektionskrankheiten scheint die Formolgelprobe zu sein. Zwischen ihren Ergebnissen und denen der Kadmiumreaktion besteht keine Übereinstimmung. Doch auch hier zeigt ein geringer Prozentsatz der gesunden Tiere eine positive Reaktion, und umgekehrt finden wir auch in der Gruppe Tuberkulose + Abortus Bang + Gelber Galt negative Reagenten. Die Ergebnisse im Sinne eines diagnostischen Hilfsmittels sind jedoch weit günstiger als bei der Kadmiumreaktion. Diese Reaktion wurde aus diesem Grunde für die späteren speziellen Arbeiten nicht mehr benutzt.

3. Beim Weltmannschen Koagulationsband findet sich mit zunehmender Schwere des Krankheitsbildes eine geringe Verschiebung des häufigsten Reaktionsausganges zu niedrigeren Konzentrationen hin.

4. Eine ähnliche Parallelität wie beim Weltmannschen Koagulationsband ist bei der Beurteilung des Gesamtproteingehaltes zu beobachten, der gleichfalls mit der Schwere des Krankheitsbildes zunimmt.

5. Zum Ergebnis dieses Vorversuches ist zu sagen, daß die benutzten Serumeiweißreaktionen untereinander in ihren Ergebnissen nicht übereinstimmen und daß sie weder spezifisch für das Vorliegen einer Infektionskrankheit sind, noch überhaupt das Bestehen einer solchen anzeigen müssen. Es kann also festgestellt werden, daß im Rahmen dieser Arbeit die Durchführung einer Reaktion nicht die Vornahme der anderen erübrigen würde und daß beide in ihrem Ausgang durch eine Labilität des Serums bestimmt werden, die konditionell (Krankheit), aber infolge der scheinbar regellosen Ergebnisse mit gewisser Wahrscheinlichkeit durchaus auch konstitutionell bedingt sein kann.

[1]) Der Ausdruck „Schwere des Krankheitsbildes" bedeutet das Zusammentreffen mehrerer in der Definition der Seite 7 genannten Krankheiten bei einem Tier. Es sind beispielsweise hierunter nicht Niederbruchsformen oder schwere klinische Erscheinungen zu verstehen.

IV. Beziehungen der Serumeiweißreaktionen untereinander
(Eigene Vorversuche)

Für die Ermittlung der Globulinunterfraktionen, wie sie auf S. 5 bis 12 beschrieben wurde, ist es erforderlich, daß zwischen den Ergebnissen der Serumeiweißreaktionen am gleichen Tier keine Korrelationen bestehen, da es sonst nicht möglich wäre, verschiedene Reaktionskonstellationen festzulegen. Nachdem bereits der Vergleich der Kadmiumsulfatreaktion, der Formolgelprobe und des Weltmannschen Koagulationsbandes mit den einzelnen Krankheitsbildern gezeigt hatte, daß der Ausgang dieser Reaktionen untereinander nicht übereinstimmt, lag die begründete Vermutung nahe, daß diese Reaktionen durch Veränderungen verschiedener Eiweißkörper bedingt werden. Tatsächlich ist es aus der humanmedizinischen Literatur auch bekannt, daß beispielsweise die Kadmiumsulfatreaktion nur bei Vermehrung der γ-Globuline positiv ausfällt (LINKE, 83), während die Formolgelprobe bereits eine relative Vermehrung der Globuline gegenüber den Albuminen anzeigt. Diesen Angaben widersprechen also die Ergebnisse des Teiles III dieser Arbeit in keiner Weise, da erst stets im Einzelfall zu klären wäre, welche Eiweißveränderungen beim jeweiligen Krankheitsbild stattgefunden haben. Auf der gleichen Ebene liegen Arbeiten von WUHRMANN, WUNDERLY und DE NICOLA (167), die sich mit der „Heterogenität der γ-Globuline im krankheitshalber verändertem Blutserum" befassen.
Da die genannten Arbeiten jedoch sämtlich dem humanmedizinischen Schrifttum entstammen, sollte zunächst zusätzlich für Teil III dieser Arbeit geprüft werden, in welchem Umfang Übereinstimmung oder Beziehungen zwischen den einzelnen Serumeiweiß-Labilitätsreaktionen beim Rind bestehen, d. h. also, ob auch beim Rind ihr Ausgang durch verschiedene Bluteiweißkörper bedingt wird.

Beziehungen zwischen Kd. R. und F. G. R.

An gesunden und kranken[1]) Rindern wurden in insgesamt 574 Fällen[2]) die Ergebnisse der Kadmiumsulfatreaktion und die der Formolgelreaktion zueinander in Beziehung gebracht. Es zeigte sich, daß bei Unterteilung der Versuchsergebnisse beider Reaktionen jeweils in die Gruppen

negativ,
positiv,
stark positiv und
sehr stark positiv

[1]) D. h. auf Tuberkulin-, Bang- und Galtuntersuchung positiv reagierende Tiere.
[2]) Etwa im Verhältnis 50 : 50.

eine geringgradige Beziehung beider Reaktionen zueinander besteht. Die kadmiumnegativ reagierenden Seren zeigen den höchsten Prozentsatz von gleichzeitig formolgelnegativen Ergebnissen, während die kadmium-+++-positiven Seren den höchsten prozentualen Anteil der formolgel-IV-positiven Seren aufweisen. Diese Ergebnisse decken sich in gewissem Umfange mit den von LINKE (83) gebrachten humanmedizinischen Angaben.

	F. G. R. I	F. G. R. II	F. G. R. III	F. G. R. IV
Kadmium ⊖ 366 Tiere	171 Tiere = **46,72%**	78 Tiere = 21,31%	87 Tiere = 23,77%	30 Tiere = 8,20%
Kd. R. + 146 Tiere	49 Tiere = **33,56%**	41 Tiere = 28,08%	34 Tiere = 23,19%	22 Tiere = 15,07%
Kd. R. ++ 41 Tiere	9 Tiere = 21,95%	5 Tiere = 12,20%	14 Tiere = **34,14%**	13 Tiere = 31,71%
Kd. R.+++ 21 Tiere			7 Tiere = 33,33%	14 Tiere = **66,67%**

Unterteilt man jedoch dic Ergebnisse beider Reaktionen nun lediglich in die Alternative negativ oder positiv, so verwischt dieses Bild, und wir finden, daß sowohl die kadmiumnegativen als auch die kadmiumpositiven Seren meistens formolgelpositiv reagieren, wenn auch bei den kadmiumpositiven stärker als bei den kadmiumnegativen:

	F. G. R. negativ	F. G. R. positiv
Kd. R. ⊖ 366 Tiere	171 Tiere = 46,73%	195 Tiere = 53,27%
Kd. R. + 208 Tiere	58 Tiere = 27,89%	150 Tiere = 72,11%

Andererseits treffen wir sowohl bei einer 4-Gruppen- als auch bei der 2-Gruppen-Einteilung in allen F. G. R.-Gruppen überwiegend kadmiumnegative Seren, so daß auch hier ersichtlich ist, daß keine Korrelation zwischen beiden Reaktionen besteht:

	Kd. R. ⊖	Kd. R. +	Kd. R. ++	Kd. R. +++
F. G. R. ⊖ 229 Tiere	171 Tiere = **74,67%**	49 Tiere = 21,40%	9 Tiere = 3,93%	
F. G. R. + 124 Tiere	78 Tiere = **62,89%**	41 Tiere = 33,07%	5 Tiere = 4,04%	
F. G. R. ++ 142 Tiere	87 Tiere = 61,26%	34 Tiere = 23,95%	14 Tiere = 9,86%	7 Tiere = 4,93%
F. G. R. +++ 79 Tiere	30 Tiere = **37,97%**	22 Tiere = 27,85%	13 Tiere = 16,46%	14 Tiere = 17,72%

	Kd. R. negativ	bzw. Kd. R. positiv
F. G. R. negativ 229 Tiere	171 Tiere = 74,67%	58 Tiere = 25,33%
F. G. R. positiv 345 Tiere	195 Tiere = 56,53%	150 Tiere = 43,47%

Beziehungen zwischen F. G. R. und W. K. B.

Auch die an 575 gesunden und kranken Rindern[1]) ermittelten Resultate der Formolgelreaktion und des Weltmannschen Koagulationsbandes lassen keinerlei Beziehungen zueinander erkennen. Es zeigte sich, daß unabhängig vom Ausgang der Formolgelreaktion die höchsten prozentualen Anteile der Seren in die Weltmanngruppen mit einer Kalziumchloridkonzentration von 0,3‰ und 0,4‰ entfallen. Hierbei handelt es sich um die gleichen Gruppen, die WIESNER (17, 149) als normale Werte ermittelt hatte, so daß es scheint, daß das Weltmannsche Koagulationsband in seinen Ergebnissen durch Krankheit oder Gesundheit nicht zu beeinflussen ist, dagegen anscheinend stärker durch das Alter der Tiere.

	W. K. B. 0,6‰	W. K. B. 0,5‰	W. K. B. 0,4‰	W. K. B. 0,3‰	W. K. B. 0,2‰	W. K. B. 0,1‰
F. G. R. I 231 Tiere	6 Tiere = 2,6%	53 Tiere = 22,94%	75 Tiere = **32,46%**	72 Tiere = 31,17%	25 Tiere = 10,83%	
F. G. R. II 121 Tiere	2 Tiere = 1,65%	12 Tiere = 9,92%	34 Tiere = 28,10%	42 Tiere = **34,71%**	29 Tiere = 23,97%	2 Tiere = 1,65%
F. G. R. III 144 Tiere		13 Tiere = 9,03%	47 Tiere = **32,63%**	39 Tiere = 27,09%	38 Tiere = 26,39%	7 Tiere = 4,86%
F. G. R. IV 79 Tiere	1 Tier = 1,27%	2 Tiere = 2,54%	20 Tiere = 25,32%	35 Tiere = **44,29%**	18 Tiere = 22,78%	3 Tiere = 3,80%

Bei der umgekehrten Auswertung der ermittelten Ergebnisse läßt sich eine geringgradige Korrelation nicht verbergen. Innerhalb der negativen Formolgelgruppe (I) wird in den einzelnen W. K. B.-Gruppen der prozentuale Anteil mit fallender Kalziumchloridkonzentration niedriger, während er in der zweifelhaften Gruppe II etwa gleich bleibt und in den positiven Formolgelgruppen (III und IV) steigende Tendenz zeigt:

	F. G. R. I	F. G. G. II	F. G. R. III	F. G. R. IV
W. K. B. 0,6‰ 9 Tiere	6 Tiere = **66,67%**	2 Tiere = 22,22%		1 Tier = 11,11%
W. K. B. 0,5‰ 80 Tiere	53 Tiere = 66,25%	12 Tiere = 15,00%	13 Tiere = 16,25%	2 Tiere = 2,50

[1]) Siehe Fußnoten S. 21.

	F.G.R. I	F.G.R. II	F.G.R. III	F.G.R. IV
W.K.B. 0,4‰ 176 Tiere	75 Tiere = **42,62%**	34 Tiere = 19,32%	47 Tiere = 26,70%	20 Tiere = 11,36%
W.K.B. 0,3‰ 188 Tiere	72 Tiere = **38,29%**	42 Tiere = 22,34%	39 Tiere = 20,75%	35 Tiere = 18,62%
W.K.B. 0,2‰ 110 Tiere	25 Tiere = 22,73%	29 Tiere = 26,37%	38 Tiere = 34,54%	18 Tiere = 16,36%
W.K.B. 0,1‰ 12 Tiere		2 Tiere = 16,67%	7 Tiere = **58,33%**	3 Tiere = 25,00%

Bei graphischer Darstellung der in der letzten Tabelle dargestellten Ergebnisse ist die fallende bzw. steigende Tendenz besonders gut erkennbar:

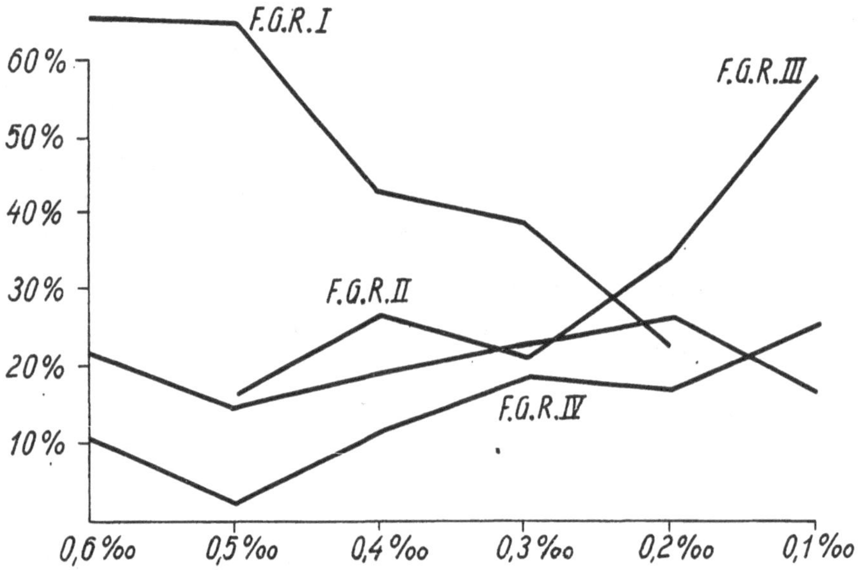

Graphische Darstellung der Beziehungen zwischen dem Weltmannschen Koagulationsband und der Formolgelreaktion: Innerhalb der negativen Formolgelgruppe (I) wird der prozentuale Anteil der Ergebnisse mit fallender Kalziumchloridkonzentration niedriger. In der Formolgelgruppe mit zweifelhaften Ergebnissen (II) ist der prozentuale Anteil bei jeder Kalziumchloridkonzentration etwa gleich, während er in den beiden positiven Gruppen (III und IV) mit fallender Konzentration höher wird.

Beziehungen zwischen Kd. R. und W. K. B.

Schließlich wurde in 578 Fällen[1]) untersucht, ob Beziehungen zwischen dem Ausgang der Kadmiumsulfatreaktion und dem Ausfall des Weltmannschen

[1]) Siehe Fußnoten S. 21.

Koagulationsbandes bestehen, es konnten jedoch auch hier keine Gesetzmäßigkeiten ermittelt werden:

	W.K.B. 0,6‰	W.K.B. 0,5‰	W.K.B. 0,4‰	W.K.B. 0,3‰	W.K.B. 0,2‰	W.K.B. 0,1‰
Kd.R. ⊖ 361 Tiere	3 Tiere = 0,83%	58 Tiere = 16,07%	101 Tiere = 27,98 %	123 Tiere = **34,07%**	67 Tiere = 18,56%	9 Tiere = 2,49%
Kd.R. + 148 Tiere	5 Tiere = 3,37%	19 Tiere = 12,83%	47 Tiere = **31,78%**	44 Tiere = 29,73%	31 Tiere = 20,94%	2 Tiere = 1,35%
Kd.R. ++ 46 Tiere	1 Tier = 2,17%	3 Tiere = 6,52%	17 Tiere = 36,96%	19 Tiere = 41,27%	6 Tiere = 13,05%	
Kd.R.+++ 23 Tiere			9 Tiere = **39,12%**	7 Tiere = 30,44%	6 Tiere = 26,09%	1 Tier = 4,35%

Das Ergebnis dieser Untersuchungen bestätigt erneut die Vermutung, daß der Ausgang beider Reaktionen von Veränderungen verschiedener Eiweißkörper abhängig ist, da keinerlei einwandfreie Wechselbeziehung erkennbar ist.
Andererseits läßt sich deutlich der Beweis erbringen, daß beim Weltmannschen Koagulationsband völlig unabhängig von der Kalziumchloridkonzentration jeweils die meisten Seren kadmiumnegativ reagieren:

	Kd.R. ⊖	Kd.R. +	Kd.R.++	Kd.R.+++
W.K.B. 0,6‰ 9 Tiere	3 Tiere = 33,33%	5 Tiere = **55,56%**	1 Tier = 11,11%	
W.K.B. 0,5‰ 80 Tiere	58 Tiere = **72,50%**	19 Tiere = 23,75%	3 Tiere = 3,75%	
W.K.B. 0,4‰ 174 Tiere	101 Tiere = **58,03%**	47 Tiere = 27,02%	17 Tiere = 9,78%	9 Tiere = 5,17%
W.K.B. 0,3‰ 193 Tiere	123 Tiere = **63,72%**	44 Tiere = 22,80%	19 Tiere = 9,85%	7 Tiere = 3,63%
W.K.B. 0,2‰ 110 Tiere	67 Tiere = **60,92%**	31 Tiere = 28,18%	6 Tiere = 5,45%	6 Tiere = 5,45%
W.K.B. 0,1‰ 12 Tiere	9 Tiere = **75,00%**	2 Tiere = 16,67%		1 Tier = 8,33%

Zusammenfassung der Ergebnisse des Vorversuches IV

1. Beim Vergleich der Ergebnisse der Kadmiumsulfat-Trübungsreaktion bei insgesamt 574 gesunden und kranken Rindern[1]) mit den Ergebnissen der Formolgelprobe bei den gleichen Tieren zeigte sich, daß beide Reaktionen in ihrem Ergebnis nicht absolut übereinstimmen. Zwar zeigen die kadmiumnegativ reagierenden Seren den höchsten Prozentsatz der formolgelnegativen (I) Seren und die kadmium-+++-positiven die meisten Formolgel-IV-Seren,

[1]) Siehe Fußnoten S. 21.

umgekehrt aber ist der höchste Prozentsatz der Seren in allen vier Formolgelgruppen gleichzeitig kadmiumnegativ.

2. Die Gegenüberstellung der Ergebnisse der Formolgelprobe mit denen des Weltmannschen Kalziumchlorid-Hitzekoagulationsbandes zeigt, daß unabhängig vom Ausgang der Formolgelprobe die meisten Seren eine Kalziumchloridkonzentration von 0,3 und 0,4‰ aufweisen. Bei umgekehrter Auswertung sieht man jedoch in der negativen Formolgelgruppe mit fallender Kalziumchloridkonzentration einen kleiner werdenden prozentualen Anteil von Seren, während er bei den formolgelpositiven Gruppen ansteigt.
3. Auch der Vergleich zwischen der Kadmiumsulfatreaktion und dem Weltmannschen Koagulationsband findet unabhängig von der Kadmiumsulfatreaktion die meisten Seren bei 0,3 bis 0,4‰ Kalziumchlorid, während umgekehrt bei jeder Kalziumchloridkonzentration die meisten Seren kadmium negativ reagieren.
4. Zusammenfassend kann nochmals festgestellt werden, daß der Ausfall der Kadmiumsulfatreaktion, der Formolgelprobe und des Weltmannschen Koagulationsbandes auch beim Rind nicht durch identische Eiweißkörper bedingt wird. Dieses Ergebnis deckt sich mit den entsprechenden humanmedizinischen Angaben und würde uns berechtigen, die Untersuchungen über Beziehungen zwischen dem Serumeiweiß einerseits und der Leistung und Konstitution des Rindes andererseits mit Hilfe der Serumeiweiß-Labilitätsproben durchzuführen.

V. Die Beziehungen zwischen den einzelnen Krankheiten beim Rind und den Globulinunterfraktionen

(Eigene Vorversuche)

Für den Versuch V wurden insgesamt 658 Rinder herangezogen, die innerhalb der Krankheitsgruppen nach der eingangs beschriebenen Reaktionskonstellation von WUHRMANN, WUNDERLY und HUGENTOBLER (166) eingeteilt wurden. Es ergab sich in den einzelnen Gruppen hierbei folgendes Verhältnis:

1) 179 gesunde Rinder

Kadmiumreaktion + Weltmannsches Koagulationsband 0,6 + 0,5‰	α-Globuline vermehrt	14 Tiere = 7,82%
Kadmiumreaktion ⊖ Weltmannsches Koagulationsband 0,6 + 0,5‰	β_1-Globuline vermehrt	47 Tiere = 26,26%
Kadmiumreaktion + Weltmannsches Koagulationsband 0,4‰	β_2- oder α + γ-Globulin vermehrt	6 Tiere = 3,35%
Kadmiumreaktion ⊖ Weltmannsches Koagulationsband 0,4‰	normal oder α + γ-Glob. vermehrt	55 Tiere = 30,73%
Kadmiumreaktion + Weltmannsches Koagulationsband 0,3—0,1‰	γ-Globuline vermehrt	6 Tiere = 3,35%
Kadmiumreaktion ⊖ Weltmannsches Koagulationsband 0,3—0,1‰	meist γ-Glob. vermehrt	51 Tiere = 28,49%

2) 149 tuberkulöse Rinder

Kadmiumreaktion + Weltmannsches Koagulationsband 0,6 + 0,5‰	α-Globuline vermehrt	5 Tiere = 3,36%
Kadmiumreaktion ⊖ Weltmannsches Koagulationsband 0,6 + 0,5‰	β_1-Globuline vermehrt	9 Tiere = 6,04%
Kadmiumreaktion + Weltmannsches Koagulationsband 0,4‰	β_2- oder α + γ-Globuline vermehrt	20 Tiere = 13,42%
Kadmiumreaktion ⊖ Weltmannsches Koagulationsband 0,4‰	normal oder α + γ vermehrt	26 Tiere = 17,45%

Kadmiumreaktion + Weltmannsches Koagulationsband 0,3–0,1‰	γ-Globuline vermehrt	22 Tiere = 14,77%
Kadmiumreaktion ⊖ Weltmannsches Koagulationsband 0,3–0,1‰	meist γ-Glob. vermehrt	67 Tiere = 44,96%

3) 53 Rinder mit Abortus Bang

Kadmiumreaktion + Weltmannsches Koagulationsband 0,6 + 0,5‰	α-Globuline vermehrt	1 Tier = 1,89%
Kadmiumreaktion ⊖ Weltmannsches Koagulationsband 0,6 + 0,5‰	β_1-Globuline vermehrt	6 Tiere = 11,32%
Kadmiumreaktion + Weltmannsches Koagulationsband 0,4‰	β_2- oder α + γ-Globuline vermehrt	9 Tiere = 16,98%
Kadmiumreaktion ⊖ Weltmannsches Koagulationsband 0,4‰	normal oder α + γ vermehrt	20 Tiere = 37,73%
Kadmiumreaktion + Weltmannsches Koagulationsband 0,3–0,1‰	γ-Globuline vermehrt	4 Tiere = 7,55%
Kadmiumreaktion ⊖ Weltmannsches Koagulationsband 0,3–0,1‰	meist γ-Glob. vermehrt	13 Tiere = 24,53%

4) 212 Tiere mit Tuberkulose und Abortus Bang

Kadmiumreaktion + Weltmannsches Koagulationsband 0,6 + 0,5‰	α-Globuline vermehrt	5 Tiere = 2,36%
Kadmiumreaktion ⊖ Weltmannsches Koagulationsband 0,6 + 0,5‰	β_1-Globuline vermehrt	11 Tiere = 5,19%
Kadmiumreaktion + Weltmannsches Koagulationsband 0,4‰	β_2 oder α + γ-Globuline vermehrt	22 Tiere = 10,38%
Kadmiumreaktion ⊖ Weltmannsches Koagulationsband 0,4‰	normal oder α + γ verm.	37 Tiere = 17,45%
Kadmiumreaktion + Weltmannsches Koagulationsband 0,3 – 0,1‰	γ-Globuline vermehrt	35 Tiere = 16,51%
Kadmiumreaktion ⊖ Weltmannsches Koagulationsband 0,3 – 0,1‰	meist γ-Globuline verm.	102 Tiere = 48,11%

5) 26 Tiere mit Tuberkulose und Gelbem Galt

Kadmiumreaktion + Weltmannsches Koagulationsband 0,6 + 0,5‰	α-Globuline vermehrt	–

Kadmiumreaktion ⊖ Weltmannsches Koagulationsband 0,6 + 0,5‰	β_1-Globuline vermehrt	—
Kadmiumreaktion + Weltmannsches Koagulationsband 0,4‰	β_2- oder $\alpha + \gamma$-Globuline vermehrt	5 Tiere = 19,23%
Kadmiumreaktion ⊖ Weltmannsches Koagulationsband 0,4‰	normal oder $\alpha + \gamma$ verm.	—
Kadmiumreaktion + Weltmannsches Koagulationsband 0,3 — 0,1‰	γ-Globuline vermehrt	7 Tiere = 26,92%
Kadmiumreaktion ⊖ Weltmannsches Koagulationsband 0,3 — 0,1‰	meist γ-Globuline verm.	14 Tiere = 53,85%

6) 39 Tiere mit Tuberkulose, Abortus Bang und Gelbem Galt

Kadmiumreaktion + Weltmannsches Koagulationsband 0,6 + 0,5‰	α-Globuline vermehrt	—
Kadmiumreaktion ⊖ Weltmannsches Koagulationsband 0,6 + 0,5‰	β_1-Globuline vermehrt	3 Tiere = 7,69%
Kadmiumreaktion + Weltmannsches Koagulationsband 0,4‰	β_2- oder $\alpha + \gamma$-Globuline vermehrt	2 Tiere = 5,13%
Kadmiumreaktion ⊖ Weltmannsches Koagulationsband 0,4‰	normal oder $\alpha + \gamma$ verm.	1 Tier = 2,56%
Kadmiumreaktion + Weltmannsches Koagulationsband 0,3 — 0,1‰	γ-Globuline vermehrt	13 Tiere = 33,33%
Kadmiumreaktion ⊖ Weltmannsches Koagulationsband 0,3 — 0,1‰	meist γ-Globuline vermehrt	20 Tiere = 51,29%

Zusammenfassung der Versuchsergebnisse

1. Unabhängig vom Gesundheitszustand[1]) der untersuchten 658 Tiere überwiegen beim Rind im Gegensatz zum Menschen die Serumkonstellationen, die eine Vermehrung der γ-Globuline anzeigen. Lediglich völlig gesunde Tiere weisen daneben häufiger Seren auf, bei denen sich neben normaler menschlicher Eiweißzusammensetzung oder γ-Vermehrung auch eine β_1-Vermehrung feststellen läßt.
2. Es ist völlig unmöglich, mit der hier praktizierten Einteilung in Globulinunterfraktionen des Serums Schlüsse auf das Vorliegen einer bestimmten der drei behandelten Infektionskrankheiten zu ziehen.

---

[1]) Im Sinne der Definition der S. 7.

VI. Beziehungen der Serumeiweißreaktionen zum Blutbild

(Eigene Vorversuche)

Beziehungen zwischen den Serumeiweißreaktionen und dem Hämoglobingehalt

Der Vergleich der Ergebnisse der an mindestens 18 Monate alten Rindern durchgeführten Kadmiumsulfatreaktion, der Formogelprobe und des Versuches mit dem Weltmannschen Koagulationsband mit den Werten der Hämoglobinbestimmung zeigte zwischen negativem und positivem Reaktionsausgang Hämoglobin-Differenzen, die z. T. innerhalb des mittleren Fehlers lagen und somit nicht gesichert waren. Bei der Cadmiumsulfatreaktion und der Formolgelprobe ist jedoch mit zunehmender Positivität eine leicht fallende Tendenz der Hämoglobinwerte unverkennbar:

	Kd. R. negativ	Kd. R. +	Kd. R. ++	Kd. R. +++
n	219	101	36	16
M	74,7580	73,7723	71,4722	72,7500
σ	8,5912	8,9740	10,8932	9,8304
m	0,5805	0,8929	1,8155	2,4576
V	11,492%	13,384%	15,2411%	13,512%
	F. G. R. I	F. G. R. II	F. G. R. III	F. G. R. IV
n	157	70	88	46
M	75,6306	74,2571	73,6705	69,7174
σ	7,2734	9,8802	9,8727	9,0079
m	0,5805	1,1809	1,0523	1,3281
V	9,617%	13,305%	13,401%	12,920%

	W. K. B. 0,6‰	W. K. B. 0,5‰	W. K. B. 0,4‰	W. K. B. 0,3‰	W. K. B. 0,2‰	W. K. B. 0,1‰
n	9	66	132	90	64	3
M	74,2222	74,7576	75,7348	72,2777	73,1094	77,0000
σ	entfällt, da	6,5437	9,1348	9,9599	8,9165	entfällt, da
m	Material zu	0,8055	0,7951	1,0498	1,1145	Material
V	gering	8,7532%	12,061%	13,780%	12,196%	zu gering

Beziehungen zwischen den Serumeiweißreaktionen und dem Erythrozytengehalt

Zwischen den Ergebnissen der Kadmiumsulfatreaktion, der Formolgelprobe und des Weltmannschen Koagulationsbandes einerseits und den Erythrozytenwerten der gleichen Blutproben von Tieren jedes Alters andererseits konnte keine Korrelation ermittelt werden. Die leicht steigende Tendenz der Erythrozytenzahlen bei fallender Kalziumchloridkonzentration des W. K. B. liegt im Bereich des dreifachen mittleren Fehlers und ist somit biometrisch nicht gesichert:

	Kd. R. negativ	Kd. R. +	Kd. R. ++	Kd. R. +++
n	217	106	36	16
M	5,6267	5,7566	5,5889	5,7000
σ	0,5894	0,6183	0,6304	0,7018
m	0,0400	0,0601	0,1050	0,1754
V	10,475%	10,741%	11,279%	12,312%
	F. G. R. I	F. G. R. II	F. G. R. III	F. G. R. IV
n	159	76	88	46
M	5,6987	5,7197	5,5057	5,6457
σ	0,5760	0,6383	0,7090	0,5965
m	0,0457	0,0732	0,0756	0,0879
V	10,107%	11,160%	12,877%	10,565%

	W. K. B. 0,6‰	W. K. B. 0,5‰	W. K. B. 0,4‰	W. K. B. 0,3‰	W. K. B. 0,2‰	W. K. B. 0,1‰
n	9	69	132	91	64	3
M	5,5556	5,6217	5,6250	5,6780	5,6875	5,6333
σ	entfällt, da	0,5969	0,6013	0,5884	0,6641	entfällt, da
m	Material zu	0,0719	0,0523	0,0617	0,0830	Material zu
V	gering	10,618%	10,690%	10,363%	11,676%	gering

Die Beziehungen zwischen den Serumeiweißreaktionen und der Blutkörperchen-Senkungsgeschwindigkeit (B. S. G.)

Nach den eingangs genannten Theorien für den Ablauf der Senkung werden u. a. auch die Globuline (FAHRAEUS, 28, HÖBER, KANTHER, 65, LINZENMEIER, 85) und speziell die Verminderung der α-Globuline (zit. n. PARADE, 107) für den Senkungssturz verantwortlich gemacht. Unter Benutzung der auf den Seiten 5 bis 12 bereits angeführten Untersuchungen von WUHRMANN, WUNDERLY und HUGENTOBLER (166) über die Abschätzung der Globulinunterfraktionen durch eine Kombination des Weltmannschen Koagulationsbandes mit der Kadmiumsulfatreaktion wurden die Seren von insgesamt 360 gesunden und kranken Rindern[1]) je nach dem Überwiegen einzelner Globulinunterfraktionen in 6 Gruppen eingeteilt und diese Gruppen jeweils in Beziehung zur Blutkörperchen-Senkungsgeschwindigkeit gestellt:

[1]) Gesund und krank im Sinne der Definition der S. 7.

1. Kadmiumreaktion positiv
Weltmannsches Koagulationsband
0,6‰ und 0,5‰ } Vermehrung der α-Globuline

	B. S. G. nach 1 Std.	2 Std.	24 Std.	3 Tg.	5 Tg.
n	24	24	24	15	15
M	0,1458	0,7292	10,0833	25,1333	36,1333
σ	0,2235	0,3277	6,1356	7,9181	9,2573
m	0,0456	0,0669	1,2524	2,0444	2,3901
V	—	—	60,849%	31,504%	25,619%

2. Kadmiumreaktion negativ
Weltmannsches Koagulationsband
0,6‰ und 0,5‰ } Vermehrung der β_1-Globuline

	B. S. G. nach 1 Std	2 Std.	24 Std.	3 Tg.	5 Tg.
n	50	50	50	31	31
M	0,2500	0,8600	9,6600	26,6774	39,9032
σ	0,3444	0,3799	3,9628	10,7655	14,1548
m	0,0487	0,0537	0,5604	1,9335	2,5422
V	—	—	39,917%	40,354%	35,472%

3. Kadmiumreaktion positiv
Weltmannsches Koagulationsband
0,4‰ } β_2- oder α + γ-Globuline vermehrt

	B. S. G. nach 1 Std.	2 Std.	24 Std.	3 Tg.	5 Tg.
n	55	55	55	25	25
m	0,2545	0,8364	10,5818	26,0000	39,3600
σ	0,3241	0,3561	5,1653	7,6785	12,0967
M	0,0437	0,0480	0,6965	1,5357	2,4193
V	—	—	48,813%	29,533%	30,733%

4. Kadmiumreaktion negativ
Weltmannsches Koagulations-
band 0,4‰ } normale oder β_1 + γ-Globuline vermehrt

	B. S. G. nach 1 Std.	2 Std.	24 Std.	3 Tg.	5 Tg.
n	75	75	75	45	45
M	0,2400	0,7600	9,7600	25,6666	39,3333
σ	0,3251	0,4060	4,0309	9,5661	13,6766
m	0,0375	0,0469	0,4664	1,4260	2,0388
V	—	—	41,386%	37,271%	34,771%

5. Kadmiumreaktion positiv
Weltmannsches Koagulationsband } γ-Globuline vermehrt
0,3 bis 0,1‰

	B. S. G. nach 1 Std.	2 Std.	24 Std.	3 Tg.	5 Tg.
n	74	74	74	5	5
M	0,4054	0,8986	9,9189	23,0000	35,0000
σ	0,3246	0,4031	3,6493	Material zur	
m	0,0377	0,0469	0,4242	biometrischen Auswertung	
V	—	—	36,791%	zu gering	

6. Kadmiumreaktion negativ
Weltmannsches Koagulationsband } spezifische Verhältnisse, zumeist Vermehrung der γ-Globuline
0,3 bis 0,1%

	B. S. G. nach 1 Std.	2 Std.	24 Std.	3 Tg.	5 Tg.
n	80	80	80	20	20
M	0,2750	0,8188	10,3250	26,0500	40,8000
σ	0,2920	0,3149	3,2931	7,0673	10,6978
m	0,0326	0,0352	0,3682	1,5802	2,3920
V	—	—	31,894%	27,129%	26,220%

Beim Vergleich dieser Globulin-Konstellationsgruppen ist es ohne weiteres ersichtlich, daß zwischen ihnen und den jeweils beobachteten Senkungen keine Korrelation besteht. Die vorhandenen Differenzen des Mittelwertes M sind bei Berücksichtigung von $\pm$ m zu gering, als daß man sie als charakteristisch bezeichnen könnte.

Weitere Untersuchungen galten den Beziehungen zwischen den einzelnen Serumeiweißreaktionen und der Senkung.

In der Humanmedizin stellte bereits CLASS (19) vergleichende Untersuchungen der Kadmiumsulfatreaktion mit der Blutkörperchen-Senkungsgeschwindigkeit an und ermittelte zwar „Beziehungen mit der B. S. G., jedoch keine unbedingte Parallelität". H. WIESNER (153) verglich die Ergebnisse der Senkung mit denen einer weiteren, hier jedoch nicht behandelten Serumeiweißreaktion, der Probe mit Hayemscher Lösung nach GROS, deren physiologische Werte E. WIESNER (149) auch beim Tier ermittelt hatte. Bei 614 Vergleichsuntersuchungen beim Scharlach zwischen der Blutsenkung und der Serumreaktion nach GROS ermittelte H. WIESNER nur in einem Drittel der Fälle eine Parallelität im Kurvenverlauf. KIHN, HANUSCH und DÖLITZSCHER (67) verglichen die Blutsenkung mit der Kadmiumsulfatreaktion und ermittelten im Einzelfall zwar häufig weitgehende Übereinstimmung beider Reaktionen, vielfach resultierten aber daraus auch erhebliche Differenzen. Schließlich haben

LIPPROSS und ENGEL (86) wiederholten Parallelbestimmungen von Blutsenkung und Weltmannschem Koagulationsband eine gewisse differentialdiagnostische und prognostische Bedeutung beigemessen.

Für die Verhältnisse beim Rind ist gleichfalls zu sagen, daß die Ergebnisse zwischen der Kadmiumsulfatreaktion, der Formolgelprobe und dem Weltmannschen Koagulationsband einerseits und der Blutkörperchen-Senkungsgeschwindigkeit andererseits ebenso nichtssagend sind wie die entsprechenden humanmedizinischen Resultate. Es bestehen keinerlei absolute Beziehungen zwischen den Serumeiweißreaktionen und der Blutsenkung:

1. Beziehungen zwischen der Kadmiumreaktion und der Senkung

a) Kadmiumnegative Senkungen

	B. S. G. nach 1 Std.	2 Std.	24 Std.	3 Tg.	5 Tg.
n	218	218	218	98	98
M	0,2775	0,8326	9,9771	25,9082	39,8469
σ	0,3521	0,3990	3,7873	8,9706	12,9602
m	0,0238	0,0270	0,2565	0,9062	2,0491
V	—	—	37,960%	34,624%	32,525%

b) Kadmiumpositive Senkungen (+, ++ und +++)

	B. S. G. nach 1 Std.	2 Std.	24 Std.	3 Tg.	5 Tg.
n	156	156	156	44	44
M	0,3141	0,8462	10,2436	25,4545	37,9318
σ	0,3293	0,3784	4,6552	8,1229	11,0483
m	0,0264	0,0303	0,3727	1,2246	1,6655
V	—	—	45,445%	31,911%	29,126%

2. Beziehungen zwischen der Formolgelreaktion und der Senkung

a) Formolgelnegative (I) Senkungen

	B. S. G. nach 1 Std.	2 Std.	24 Std.	3 Tg.	5 Tg.
n	154	154	154	72	72
M	0,2662	0,8247	10,4091	27,0139	40,4444
σ	0,3531	0,4039	4,8931	9,7304	13,0967
m	0,0285	0,0325	0,3943	1,1467	1,5434
V	—	—	47,007%	36,020%	32,382%

b) Formolgelzweifelhafte (II) Senkungen

	B. S. G. nach 1 Std.	2 Std.	24 Std.	3 Tg.	5 Tg.
n	73	73	73	28	28
M	0,2877	0,8287	9,1781	23,3214	36,2143
σ	0,2963	0,3645	3,1811	7,9820	10,0617
m	0,0347	0,0427	0,3723	1,5084	1,9014
V	—	—	34,660%	34,226%	27,783%

c) Formolgelpositive (III) Senkungen

	B. S. G. nach 1 Std.	2 Std.	24 Std.	3 Tg.	5 Tg.
n	87	87	87	31	31
M	0,3333	0,9023	10,3103	26,3871	40,0323
σ	0,3447	0,3673	4,0152	8,2735	12,6636
m	0,0370	0,0394	0,4305	1,4859	2,2744
V	—	—	38,944%	31,354%	31,634%

d) Formolgel-stark positive (IV) Senkungen

	B. S. G. nach 1 Std.	2 Std.	24 Std.	3 Tg.	5 Tg.
n	46	46	46	11	11
M	0,2609	0,7283	9,8043	25,3636	39,7273
σ	0,2952	0,3020	3,0886	7,7890	12,4429
m	0,0435	0,0445	0,4554	2,3485	3,7517
V	—	—	31,502%	30,709%	31,321%

3. Beziehungen zwischen dem Weltmannschen Koagulationsband und der Senkung

a) Weltmann 0,6‰ige Senkungen

	B. S. G. nach 1 Std.	2 Std.	24 Std.	3 Tg.	5 Tg.
n	8	8	8	5	5
M	0,1250	0,6875	8,8750	21,2000	31,8000

σ, m und V entfallen, da das Material zu gering ist.

b) Weltmann 0,5‰ige Senkungen

	B. S. G. nach 1 Std.	2 Std.	24 Std.	3 Tg.	5 Tg.
n	66	66	66	40	40
M	0,2348	0,8334	10,7273	26,8750	39,7250
σ	0,3250	0,3728	5,2384	10,2888	13,0326
m	0,0400	0,0459	0,6448	1,6268	2,0606
V	—	—	48,832%	38,284%	32,801%

c) Weltmann 0,4‰ige Senkungen

	B. S. G. nach 1 Std.	2 Std.	24 Std.	3 Tg.	5 Tg.
n	130	130	130	71	71
M	0,2500	0,7962	10,0923	25,9859	39,4648
σ	0,3225	0,3893	4,5766	9,1398	12,9000
m	0,0283	0,0341	0,4014	1,0847	1,5310
V	—	—	45,347%	35,172%	32,687%

d) Weltmann 0,3‰ige Senkungen

	B. S. G. nach 1 Std.	2 Std.	24 Std.	3 Tg.	5 Tg.
n	91	91	91	22	22
M	0,3022	0,8297	10,4725	26,4091	41,0909
σ	0,3589	0,4284	3,8497	6,9744	10,3827
m	0,0376	0,0449	0,4036	1,4869	2,2136
V	—	—	36,760%	26,409%	25,267%

e) Weltmann 0,2‰ige Senkungen

	B. S. G. nach 1 Std.	2 Std.	24 Std.	3 Tg.	5 Tg.
n	64	64	64	4	4
M	0,3906	0,8984	9,6719	19,7500	30,7500
σ	0,2157	0,2256	2,7616	Material zu biometrischer Auswertung zu gering	
m	0,0270	0,0282	0,3452		
V	—	—	28,552%		

f) Weltmann 0,1‰ige Senkungen

	B. S. G. nach 1 Std.	2 Std.	24 Std.	3 Tg.	5 Tg.
n	3	3	3	—	—
M	0,3333	0,8333	8,0000	—	—

σ, m und V entfallen, da das Material zu biometrischer Auswertung zu gering war.

Beziehungen zwischen den Serumeiweiß-Labilitätsreaktionen und den absoluten Leukozytenwerten

Beachtenswerte Ergebnisse zeigten sich beim Vergleich der Serumeiweiß-Labilitätsproben mit den absoluten Leukozytenwerten. Es wurden hierzu insgesamt 378 Rinder jedes Alters untersucht.

1. Bei der Kadmiumsulfatreaktion zeigten die kadmiumnegativen Tiere die höchsten Leukozytenzahlen, während die Kadmium +++ positiven die niedrigsten aufwiesen.

		Kd. R. negativ	Kd. R. pos. +	Kd. R. pos. ++	Kd. R. pos. +++
n		217	109	36	16
M	(absoluter Leukozytenwert)	9647	9500	7764	6938
σ		3414	4081	2844	1961
m		232	391	474	490
V		35,389%	41,905%	36,630%	28,264%

Die Ergebnisse könnten nun ähnlich wie beim Vergleich des Gesamteiweißgehaltes des Serums mit den Serumeiweiß-Labilitätsreaktionen altersmäßig verursacht sein. In der Literatur finden sich neben gegenteiligen Anschauungen mehrfach Angaben, die Kälbern und Jungrindern höhere Leukozytenwerte zubilligen als erwachsenen Rindern (WIRTH, 156 u. a.). Da aber auch die Kälber durchschnittlich weitaus gesünder als erwachsene Kühe sind und somit auch häufiger kadmiumnegative Ergebnisse liefern sollten als letztere, müßten die oben gezeigten Resultate schon durch die altersmäßige Abstufung des somit biologisch nicht einheitlichen Untersuchungsmaterials bedingt sein. Um diesen Vorwurf von vornherein zu entkräften, wurde das Untersuchungsmaterial nochmals geteilt in 249 Tiere über $1^1/_2$ Jahre und 137 Tiere bis zu $1^1/_2$ Jahren. Es zeigte sich nun hierbei, daß in beiden Gruppen die gleiche Tendenz besteht, nach der die Tiere mit kadmiumnegativen Seren die höchsten und die am stärksten kadmiumpositiven die niedrigsten Leukozytenwerte zeigen. Die Korrelation ist also echt und nicht altersmäßig bedingt.

		Kd. R. negativ	Kd. R. pos. +	Kd. R. pos. ++	Kd. R. pos. +++
n	(Kälber)	95	27	5	–
M		9200	8981	7600	–
σ		2344	2416	–	–
m		241	465	–	–
V		25,480%	26,895%	–	–

		Kd. R. negativ	Kd. R. pos. +	Kd. R. pos. ++	Kd. R. pos. +++
n	(Kühe)	121	81	31	16
M		9798	9698	7790	6938
σ		4036	4513	3051	1961
m		367	501	548	490
V		41,192%	46,535%	39,160%	28,264%

Um die Parallelität zwischen dem Grad der Positivität und der fallenden Tendenz der Leukozytenwerte biometrisch zu sichern, wurden die Zahlen mit der Varianzanalyse ausgewertet. Für diesen Zweck wurden zwei Gruppen gebildet:

Gruppe I: 371 Tiere, die Kadmium ⊖ und + reagierten und nach HORN und BOGUTH (62) als negativ gewertet werden sollten,

Gruppe II: 57 Tiere, die Kadmium ++ und +++ reagierten und als positiv gewertet wurden.

Der Mittelwert betrug in der Gruppe I 9393 Leukozyten, in Gruppe II hingegen 7830. Die Differenz beider Werte ist mit >99,90% Wahrscheinlichkeit gesichert.

2. Die gleichen Verhältnisse wie bei der Kadmiumsulfatreaktion finden sich bei der Formolgelprobe. Auch hier trifft man bei den Rindern mit negativer Formolgelprobe die höchsten Leukozytenwerte, bei den am stärksten formolgelpositiven dagegen die niedrigsten:

	F.G.R. I	F.G.R. II	F.G.R. III	F.G.R. IV
n	156	73	88	46
M	9740	9418	8653	7946
σ	3675	3177	3533	3203
m	294	372	377	472
V	37,730%	33,733%	40,829%	40,309%

3. Im Gegensatz zu den geschilderten Reaktionen findet sich keine Parallele zwischen dem Weltmannschen Koagulationsband und den absoluten Leukozytenwerten. Diese war auch kaum zu erwarten, nachdem sich nunmehr bereits erkennen ließ, daß einerseits das Weltmannsche Koagulationsband in seinem Ausgang in erster Linie wohl vom Alter des jeweils untersuchten Tieres abzuhängen scheint (WIESNER, 149), andererseits aber bereits bei der Kadmiumsulfatreaktion beim Vergleich zwischen der Gruppe der Kälber und der derjenigen der Kühe gezeigt wurde, daß das Alter kaum Einfluß auf die Höhe der absoluten Leukozytenwerte hat, sondern daß die Differenzen bei den Leukozytenzahlen mit der Stärke der Änderung der Serumeiweißzusammensetzung parallel zu gehen scheinen. Da das Weltmannsche Koagulationsband derartige Störungen aber kaum oder nur in geringem Umfange anzeigt, muß schon bereits theoretisch bei jeder Kalziumchloridkonzentration der gleiche Leukozytenwert zu finden sein.

	W.K.B. 0,6‰	W.K.B. 0,5‰	W.K.B. 0,4‰	W.K.B. 0,3‰	W.K.B. 0,2‰	W.K.B. 0,1‰
n	9	71	136	99	64	3
M	8444	9289	9007	9293	9555	8333
σ	—	3146	3384	3481	4225	—
m	—	373	290	350	528	—
V	—	33,868%	37,570%	37,458%	44,217%	—

Die etwas stärkere Differenz der ersten und letzten Spalte mag sich durch das zahlenmäßig geringere Untersuchungsmaterial erklären.

Beziehungen zwischen den Serumeiweiß-Labilitätsreaktionen und den relativen Lymphozytenwerten

Ähnlich wie bei den absoluten Leukozytenzahlen konnten auch bei den Lymphozyten gewisse Unterschiede festgestellt werden:

1. Bei der Kadmiumsulfatreaktion zeigten ebenfalls die kadmiumnegativen die höchsten, die kadmium+++positiven die niedrigsten Lymphozytenwerte:

		Kd. R. negativ	Kd. R. pos. +	Kd. R. pos. ++	Kd. R. pos. +++
n	(relativer Lymphozytenwert)	220	112	36	18
M		66,9227	65,0536	59,1111	59,1111
σ		11,6894	13,0239	12,3589	11,2903
m		0,7881	1,2306	2,0589	2,6611
V		17,467%	20,020%	20,908%	19,100%

Um die Differenz varianzanalytisch zu sichern, wurden wie bei den Leukozyten auch hier zwei Gruppen gebildet:

Gruppe I: 332 Tiere, die Kadmium ⊖ und + reagierten und als negativ gewertet wurden,

Gruppe II: 54 Tiere, die ++ und +++ reagierten und positiv gewertet wurden.

Der Mittelwert betrug in der Gruppe I 66,2921% Lymphozyten, in der Gruppe II 59, 1111%. Die Differenz von 7,1810% Lymphozyten ist mit >99,90% „sehr gut gesichert".

2. Auch bei der Formolgelprobe finden sich die von den absoluten Leukozytenzahlen her bekannten Differenzen. Die Rinder, deren Seren eine negative Formolgelprobe geben, besitzen die höchsten relativen Lymphozytenzahlen, die am stärksten Formolgelpositiven die niedrigsten:

		F. G. R. I	F. G. R. II	F. G. R. III	F. G. R. IV
n		160	74	88	46
M	(relativer Lymphozytenwert)	67,2938	66,0135	63,7955	60,5435
σ		11,6890	12,3217	12,4969	12,0182
m		0,9241	1,4323	1,3320	1,7719
V		17,370%	18,665%	19,589%	19,850%

Zur varianzanalytischen Sicherung dieser Ergebnisse wurden die Differenzen der einzelnen Gruppen einander gegenübergestellt. Dabei zeigte sich die Differenz von 1,2804 zwischen F. G. R. I und F. G. R. II mit nur 55,15% Sicherung praktisch als „nicht gesichert". Die Differenz zwischen F. G. R. II und F. G. R. III, die 2,2180 betrug, war mit nur 74,10% „nicht gesichert", gleichfalls die Differenz 3,2520 zwischen F. G. R. III und F. G. R. IV mit nur 85,30%. Dagegen erschien die Differenz von 6,7503 zwischen F. G. R. I und F. G. R. IV mit >99,90% als „sehr gut gesichert".

3. Analog den Verhältnissen bei den absoluten Leukozytenwerten findet sich auch bei den relativen Lymphozytenzahlen keine Parallele zwischen diesen und dem Weltmannschen Koagulationsband:

	W.K.B. 0,6‰	W.K.B. 0,5‰	W.K.B. 0,4‰	W.K.B. 0,3‰	W.K.B. 0,2‰	W.K.B. 0,1‰
n	9	70	134	96	67	3
M	62,0000	68,0428	64,9254	64,5104	65,1940	60,0000
σ	—	11,5491	12,2533	12,1484	12,8650	—
m	—	1,3803	1,0585	1,2399	1,5717	—
V	—	16,973%	18,873%	18,832%	19,733%	—

Beziehungen zwischen den Serumeiweiß-Labilitätsreaktionen und den Relativwerten der Neutrophilen

Auch bei den Ergebnissen der Neutrophilen lassen sich ähnliche Beziehungen feststellen, wie sie bereits bei den absoluten Leukozytenzahlen und bei den relativen Lymphozytenwerten beobachtet wurden:

1. Von Kadmiumnegativ nach Kadmium +++ positiv ist eine den Lymphozytenwerten reziproke steigende Tendenz erkennbar, wenn auch nicht in so klarem Bild wie bei diesen die fallende.

Der Mittelwert der 331 Seren der negativ zu wertenden Gruppe I (Kadmium ⊖ und +) beträgt 24,8791, derjenige der 55 Seren der positiven Gruppe II (Kadmium ++ und +++) 29,8363, die Differenz mithin 4,9572 bei einer varianzanalytischen Sicherung von 99,86% Wahrscheinlichkeit.

		Kd. R. negativ	Kd. R. pos. +	Kd. R. pos. ++	Kd. R. pos. +++
n		220	111	37	18
M	(relativer Neutrophilenwert)	24,4636	25,7027	30,5405	28,3889
σ		10,0758	10,7054	11,9722	12,8742
m		0,6793	1,0161	1,9682	3,0345
V		41,186%	41,651%	39,201%	45,534%

2. Auch bei der Formolgelprobe steigen die Relativwerte der Neutrophilen von F. G. R. I nach F. G. R. IV, wobei sich die Differenzen zwischen den einzelnen Gruppen etwa in gleicher Höhe bewegen wie die entsprechenden bei den Lymphozyten.

		F.G.R. I	F.G.R. II	F.G.R. III	F.G.R. IV
n	(relativer Neutrophilenwert)	160	74	88	46
M		23,9688	25,5541	26,4545	29,8261
σ		9,6931	10,4211	11,4782	11,7895
m		0,7663	1,2114	1,2235	1,7383
V		40,341%	40,781%	43,388%	39,526%

3. Auch bei den Neutrophilen lassen sich beim Weltmannschen Koagulationsband keine Beziehungen ermitteln:

	W.K.B. 0,6‰	W.K.B. 0,5‰	W.K.B. 0,4‰	W.K.B. 0,3‰	W.K.B. 0,2‰	W.K.B. 0,1‰
n	9	70	134	95	67	3
M	28,5556	24,6429	25,5746	26,6632	24,7911	28,3333
σ	—	10,6080	10,6669	11,2368	10,4118	—
m	—	1,2679	0,9215	1,1529	1,2719	—
V	—	43,047%	41,708%	42,144%	41,998%	—

Beziehungen zwischen den Serumeiweiß-Labilitätsreaktionen und den Relativwerten der Eosinophilen

Bei Auswertung der Ergebnisse der Eosinophilen zeigten sich besonders bei der Kadmiumsulfatreaktion ähnliche Beziehungen, wie sie bei den meisten Leukozytengruppen beobachtet wurden:

Mit steigender Positivität ging ein Ansteigen der Relativwerte der Eosinophilen einher. Diese Parallele war bei der Formolgelprobe nicht derartig eindeutig und fehlte beim Weltmannschen Koagulationsband völlig.

1.		Kd.R. negativ	Kd.R. pos. +	Kd.R. pos. ++	Kd.R. pos. +++
n	(relativer Eosinophilenwert)	221	111	38	18
M		5,5294	5,7117	6,3947	9,2222
σ		4,5757	4,9235	5,3099	6,8991
m		0,3078	0,4673	0,8614	1,6261

Der Mittelwert der negativen Gruppe I (Kadmium ⊖ und +) betrug 5,0459 bei 332 Tieren, das Mittel der Gruppe II (Kadmium + und ++) bei 56 Tieren 7,4682, die Differenz 2,4223 bei einer varianzanalytischen sehr guten Sicherung mit $>$99,90% Wahrscheinlichkeit.

2.		F. G. R. I	F. G. R. II	F. G. R. III	F. G. R. IV
n		174	74	87	46
M	(relativer Eosino-philenwert)	4,9770	5,9865	6,7356	6,1087
σ		4,3297	4,6890	5,9574	5,8911
m		0,3282	0,5451	0,6387	0,8686

3.	W. K. B. 0,6‰	W. K. B. 0,5‰	W. K. B. 0,4‰	W. K. B. 0,3‰	W. K. B. 0,2‰	W. K. B. 0,1‰
n	9	69	133	96	66	3
M	5,6667	4,5652	6,0752	5,9271	6,8182	9,0000
σ	—	3,9323	4,9791	5,0172	5,3169	—
m	—	0,4734	0,4317	0,5121	0,6547	—

Beziehungen zwischen den Serumeiweiß-Labilitätsreaktionen
und den Relativwerten der Basophilen

Die Relationen bei der Basophilengruppe sind bei allen drei Serumeiweißreaktionen nicht so eindeutig wie bei den absoluten Leukozytenzahlen und den Relativwerten der Lymphozyten und Neutrophilen. Lediglich bei der Kadmiumsulfatreaktion konnte eine echte Beziehung ermittelt werden:

1.		Kd. R. negativ	Kd. R. pos. +	Kd. R. pos. ++	Kd. R. pos. +++
n		218	110	39	18
M	(relativer Baso-	0,3165	0,2909	0,5128	0,8333
σ	philenwert)	0,2042	0,1279	0,1558	0,1768
m		0,0138	0,0129	0,0249	0,0417

Der Mittelwert der 328 Seren der negativen Gruppe I (Kadmium ⊖ und +) betrug 0,3079, derjenige der positiv zu wertenden Gruppe II (Kadmium ++ und +++) 0,6140, die Differenz somit 0,3061 bei einer varianzanalytischen Sicherung von 99,74% Wahrscheinlichkeit.

2.		F. G. R. I	F. G. R. II	F. G. R. III	F. G. R. IV
n		161	73	87	45
M	(relativer Baso-philenwert)	0,3106	0,2877	0,3333	0,6889
σ		0,1688	0,1059	0,1396	0,2353
m		0,0133	0,0124	0,0150	0,0351

3.	W.K.B. 0,6‰	W.K.B. 0,5‰	W.K.B. 0,4‰	W.K.B. 0,3‰	W.K.B. 0,2‰	W.K.B. 0,1‰
n	9	70	136	95	67	3
M	0,4444	0,3429	0,2868	0,4632	0,3433	0,0000
σ	—	0,1296	0,1370	0,2134	0,1267	—
m	—	0,0155	0,0117	0,0219	0,0155	—

Beziehungen zwischen den Serumeiweiß-Labilitätsreaktionen und den Relativwerten der Monozyten

Bei allen drei Serumeiweiß-Labilitätsreaktionen lassen sich keine Beziehungen zu den Relativwerten der Monozyten ermitteln:

1.		Kd.R. negativ	Kd.R. pos. +	Kd.R. pos. ++	Kd.R. pos. +++
n		221	111	37	18
M	(relativer Monozytenwert)	2,7240	2,8649	3,2703	2,4444
σ		2,1653	2,4549	3,0703	2,4010
m		0,1457	0,2330	0,5048	0,5659

Teilt man das vorstehende Material wiederum nach dem Muster der absoluten Leukozyten, der Lymphozyten, Neutrophilen und Basophilen in eine negativ zu wertende Gruppe I (Kadmium ⊖ und +) und in eine positive Gruppe II (Kadmium ++ und +++) ein, so erhält man in Gruppe I einen Mittelwert von 2,7711 bei 332 Tieren, in Gruppe II bei 55 Tieren 3,0000, insgesamt also eine Differenz von 0,2289, die einer varianzanalytischen Nachprüfung nicht standhält und mit nur 48,30% Wahrscheinlichkeit als „nicht gesichert" erscheint.

2.		F.G.R. I	F.G.R. II	F.G.R. III	F.G.R. IV
n		160	74	88	46
M	(relativer Monozytenwert)	3,2125	2,4730	2,5568	2,6739
σ		2,1862	2,2674	2,0552	3,0058
m		0,1728	0,2636	0,2191	0,4432

3.	W.K.B. 0,6‰	W.K.B. 0,5‰	W.K.B. 0,4‰	W.K.B. 0,3‰	W.K.B. 0,2‰	W.K.B. 0,1‰
n	9	70	134	96	67	3
M	3,2222	2,7143	3,0448	2,6146	2,7463	2,6667
σ	—	2,3369	2,6482	2,0885	2,0757	—
m	—	0,2793	0,2288	0,2132	0,2536	—

Beziehungen zwischen dem Gesamteiweißgehalt des Serums und den Serumeiweiß-Labilitätsreaktionen

1. Der Gesamt-Proteingehalt und die Kadmiumsulfatreaktion

Die Untersuchung des Serums von 434 gesunden und kranken Rindern[1]) jedes Alters zeigte eine Parallelität zwischen dem Ausgang der Kadmiumreaktion und dem Gesamt-Proteingehalt: die kadmiumnegativen Seren besitzen den niedrigsten Eiweißgehalt, die kadmium +++ positiven den höchsten. Diese Parallelität ist einfach und mit Sicherheit zu erklären: der normale Proteingehalt ist nach WIESNER (149) beim jungen Rind am niedrigsten, beim erwachsenen, alten Tier am höchsten, dazwischen bestehen altersmäßig bedingte Abstufungen. Gleichermaßen finden wir aber auch beim Kalb die gesündesten und damit meistens kadmiumnegativen Tiere, während die älteren Rinder den höheren Prozentsatz an kranken und somit auch kadmiumpositiven Tieren stellen. Der im Durchschnitt höhere Proteingehalt des Serums älterer Tiere besteht also nicht infolge quantitativer Serumeiweißveränderungen auf Grund gleichzeitiger Veränderungen in qualitativer Hinsicht, sondern ist einfach altersmäßig bedingt; die Parallelität tritt demnach nicht infolge eines Wechselspiels beider Untersuchungen auf.

		Kd. R. negativ	Kd. R. pos. +	Kd. R. pos. ++	Kd. R. pos. +++
n		257	120	39	18
M	(Gesamt-Protein-gehalt in g-%)	6,4700	6,5700	6,6590	7,5000
σ		0,8153	0,5551	0,6591	0,7140
m		0,0509	0,0507	0,1055	0,1683
V		12,601%	8,449%	9,898%	9,520%

2. Der Gesamt-Proteingehalt und die Formolgelprobe

Auch der am Serum von 364 gesunden und kranken Rindern[1]) durchgeführte Vergleich zwischen dem Gesamt-Proteingehalt und der Formolgelprobe zeigte die gleiche, bei der Kadmiumreaktion beschriebene Parallelität auf Grund derselben Erklärung.

		F. G. R. I	F. G. R. II	F. G. R. III	F. G. R. IV
n	(Gesamt-Protein-gehalt in g-%)	159	75	86	44
M		6,1189	6,4933	7,0465	7,3523
σ		0,6260	0,5813	0,6777	0,7612
m		0,0496	0,0671	0,0731	0,1148
V		10,230%	8,952%	9,618%	10,353%

[1]) Gesund und krank im Sinne der Definition der S. 7.

3. Der Gesamt-Proteingehalt und das Weltmannsche Koagulationsband

Schließlich ergaben die Vergleiche zwischen dem Serumeiweißgehalt und dem Weltmannschen Koagulationsband an 414 gesunden und kranken Tieren, daß auch bei dieser Serumeiweiß-Labilitätsprobe ganz entsprechende Verhältnisse bestehen: die Tiere mit der höchsten Kalziumchloridkonzentration (Kälber) zeigen den niedrigsten Serumeiweißgehalt und umgekehrt:

		W.K.B. 0,6‰	W.K.B. 0,5‰	W.K.B. 0,4‰	W.K.B. 0,3‰	W.K.B. 0,2‰	W.K.B. 0,1‰
n		11	80	160	95	65	3
M	(Gesamt-protein-gehalt in g-%)	5,9727	6,1738	6,4862	6,8474	6,8862	7,4
σ		0,6117	0,7278	0,7120	0,8487	0,6200	—
m		0,1844	0,0814	0,0563	0,0871	0,0769	—
V		10,241%	11,788%	10,977%	12,394%	9,004%	—

Beziehungen zwischen den Serumeiweißreaktionen und dem Reststickstoffgehalt des Serums

Bei der Umständlichkeit der Methode zur Ermittlung des Reststickstoffgehaltes im Serum ließen sich diese Untersuchungen nicht in dem gleichen Umfange durchführen wie die vorangegangenen Bestimmungen von Werten des Blutbildes. Soweit jedoch diese Zahlen erkennen lassen, ergeben sich keine Korrelationen zwischen den Serumeiweißreaktionen und den Werten des Reststickstoffes.

1.	Kadmium - negativ	Kadmium + und ++
n	76	10
M	28,8816	31,6000
σ	9,2352	9,0478
m	1,0593	2,8611
V	31,976%	28,632%

2.	F.G.R. I	F.G.R. II	F.G.R. III und IV
n	56	14	11
M	29,3056	30,6429	26,4545
σ	9,7263	8,8202	8,0928
m	1,2997	2,3572	2,4400
V	33,189%	28,784%	30,591%

3.	W.K.B. 0,5‰	W.K.B. 0,4‰	W.K.B. 0,3‰	W.K.B. 0,2‰
n	5	19	26	19
M	23,3500	30,3158	29,5385	27,8421
σ	entfällt, da	12,8803	10,2812	5,4393
m	Material zu	2,9549	2,0159	1,2479
V	gering	42,487%	34,806%	19,536%

Die geringen Differenzen zwischen den einzelnen Reststickstoffwerten liegen innerhalb des mittleren Fehlers und sind damit biometrisch nicht gesichert.

Zusammenfassung des Vorversuchs VI:

1. Es bestehen keinerlei Beziehungen zwischen den Serumeiweißreaktionen einerseits und dem Hämoglobingehalt des Blutes, dem Erythrozytenwert, der Blutkörperchen-Senkungsgeschwindigkeit und dem Reststickstoffgehalt des Serums andererseits.
2. Die vorhandene Parallelität zwischen Serumeiweißreaktionen und Gesamtproteingehalt des Serums ist nicht echt, sondern dadurch bedingt, daß der normale Serumeiweißgehalt beim jungen Rind niedriger ist als beim alten und junge Tiere gleichzeitig einen bedeutend höheren Anteil kadmiumnegativer Seren zeigen als alte Rinder.
3. Echte, biometrisch gesicherte Beziehungen bestehen zwischen den Serumeiweißreaktionen und den absoluten sowie den meisten relativen Leukozytenwerten. Die absoluten Leukozytenzahlen und die Relativwerte der Lymphozyten fallen mit zunehmender Positivität der Reaktion, Neutrophile, Eosinophile und Basophile steigen in gleichem Maße.
4. Die Ergebnisse dieses Vorversuches zeigen, daß bei den meisten Untersuchungsmethoden des Blutbildes keine Korrelation zwischen diesem und den Ergebnissen der Serumeiweißreaktionen besteht, so daß deren Reaktionsausgang von anderen Einflüssen abhängig zu sein scheint. Hierdurch erweist sich der Versuch, Serumeiweißreaktionen und Leistung bzw. Konstitution miteinander in Korrelation zu bringen, nicht schon von vornherein als überflüssig im Sinne der Versuche älterer Autoren, Beziehungen zwischen Blutbild und Konstitution und Leistung zu finden.

VII. Beziehungen zwischen dem Gesamteiweißgehalt des Serums, den einzelnen Globulinunterfraktionen und der Milchleistung

(Eigene Hauptversuche)

Bisherige Literatur

Über spezielle Untersuchungen, die sich mit der Ermittlung von Korrelationen zwischen der Menge und Zusammensetzung des Serumeiweißes einerseits und der Milch- und Milchfettmenge andererseits befassen, liegen in der mir zugänglichen Literatur keine Berichte vor.

Die Zahl der Arbeiten, die ganz allgemein das Blutbild in seiner individuellen Verschiedenheit zur Leistungs- und Konstitutionsbeurteilung herangezogen haben, ist jedoch sehr groß.

Als einer der ersten Autoren, der sich in wissenschaftlicher Arbeit mit dem Auftreten von Beziehungen zwischen dem morphologischen Blutbild des Rindes und der Milchleistung beschäftigte, dürfte E. SCHULTZ (126) gelten, der 1906 den Gehalt des Blutes an Erythrozyten und Hämoglobin mit der Milchleistungsfähigkeit von Kühen verglich. Er beobachtete, daß leistungsfähigere Rinder höhere Erythrozytenwerte hatten als Tiere mit geringer Milchleistung. 1910 übertrug v. d. MALSBURG (91) die Ergebnisse seiner Messungen an der quergestreiften Muskulatur auch auf die korpuskulären Blutbestandteile, wobei er den sog. „feinzelligen" Rindern (u. a. Braunvieh, Angler, Jersey) höhere Leistungen zuerkannte als den „grobzelligen" Typen, wie Höhenfleckvieh und Pinzgauer Rind. 1924 glaubte GOETZE (40) feste Beziehungen zwischen Hämoglobin und Erythrozyten einerseits und züchterischen Eigenschaften und Leistungen andererseits gesehen zu haben. Auch DUERST (23) und seine Schüler (37, 63, 93, 99, 140) glaubten besonders bei hohem Bluttrockensubstanzgehalt hohe Milch- und Mastleistungen, in exterieuristischer Hinsicht hohe Punktzahlen, wenn auch nicht für jedes Einzeltier, so doch als tierzüchterisches Gesetz, gesehen zu haben. Gleiche Ergebnisse fand LEHMANN (79) auch beim Schwein.

In Deutschland arbeiteten des weiteren ZORN (173) und Mitarbeiter auf dem gleichen Gebiet erfolgreich und erkannten bei Merinofleischschafen zwischen Blutbeschaffenheit und individueller Leistung (Körpergewicht, Wollertrag, Wollqualität) eine deutliche Wechselbeziehung. Auch beim Rind stellte ZORN zwischen Bluttrockensubstanz und -alkalität auf der einen Seite und Lebendgewicht bzw. Milchleistung auf der anderen Seite Wechselbeziehungen fest. Neben den beschriebenen positiven Untersuchungsergebnissen finden sich in der Literatur aber gleichfalls eine größere Anzahl von Stimmen, die das Blutbild in konstitutionsdiagnostischer Hinsicht zumindest sehr vorsichtig, wenn nicht ganz ablehnend beurteilen. So wird von allen diesen Autoren gemeinsam auf die starke Umweltlabilität und damit die ganz erheblichen Tagesschwankungen, besonders der Hämoglobin- und Erythrozytenwerte gesunder Tiere verwiesen, so daß nach ihrer Ansicht (10, 74, 115, 120) das Konstitutionsproblem durch Blutuntersuchungen allein keine Lösung finden soll.

Eigene Untersuchungen

Nachdem die Voruntersuchungen ergeben hatten, daß das Globulinspektrum des Serums durch die Kondition (hier: Krankheit) keine entscheidende Beeinflussung erfährt, wurde in dieser weiteren Versuchsanstellung die Frage erörtert, ob und in welchem Umfange sich die relative Milchleistung einer Kuhherde schon zu Beginn des Milchkontrolljahres auf Grund einer einmaligen qualitativen Serumeiweißuntersuchung voraussagen läßt und ob zwischen den Werten des Gesamtproteins der Einzeltiere zu Beginn des Kontrolljahres und den tatsächlich erzielten Ergebnissen Korrelationen bestehen. Für die letztgenannten Feststellungen standen die Werte von insgesamt 62 Tieren[1]) zur Verfügung, die bei einem durchschnittlichen Gesamtproteingehalt ihres Serums von 6,6 g-% folgende Mittelwerte zeigten:

absolute Milchmenge	3924 kg
prozentualer Fettgehalt	3,4%
Fett-Kilogramm	133,9 kg

Da es sich um massenstatistische Untersuchungen und nicht um Beobachtungen am Einzeltier handelt, blieben Stadium der Laktation und Gesamtzahl der bisherigen Abkalbungen hierbei unberücksichtigt.

Zwischen Serumeiweißgehalt und absoluter Milchmenge ergab sich eine nur unbedeutende und biometrisch nicht gesicherte Korrelation $r = 0{,}108 \pm 0{,}1255$, bei der der mittlere Fehler größer als der Korrelationskoeffizient ist. (Die biometrische Sicherung wäre für 60 FG bei 0,25 erreicht.)

Zwischen Serumeiweißgehalt und prozentualem Fettgehalt der Milch wurde eine gleichfalls nicht gesicherte negative Korrelation ermittelt: $r = -0{,}157 \pm 0{,}1238$, während zwischen Fett-Kilogramm und Serumeiweißgehalt überhaupt keine Korrelation besteht: $r = 0{,}052 \pm 0{,}1266$.

Für die Beurteilung des Einflusses der einzelnen Globulinunterfraktionen erfolgten die Voruntersuchungen nach der im technischen Abschnitt auf S. 5 bis

[1]) Es handelt sich um Tiere, die gesund im Sinne der Definition der S. 7 waren.

12 besprochenen Methodik bei Berücksichtigung der dort genannten Schwierigkeiten[2]). Die graphische Darstellung der Ergebnisse zeigt hier deutlich, daß die Gruppen der Rinder mit einer γ-Globulinvermehrung jeweils die höchsten Leistungen erzielen, wobei die Differenz zwischen den Gruppen 1 bis 4 (30 Tiere) einerseits und den Gruppen 5 und 6 (65 Rinder) andererseits teilweise biometrisch gesichert ist, und zwar bei der absoluten Milchmenge mit >99,9% Wahrscheinlichkeit! Die absolute Differenz betrug zwischen den Gamma-Gruppen (M = 4339,05 kg) und den Nicht-Gamma-Gruppen (M = 3635,27 kg) insgesamt 703,78 kg. Beim prozentualen Fettgehalt war die Differenz von 0,06% zwischen den Gamma-Gruppen (M = 3,52%) und den Nicht-Gamma-Gruppen (M = 3,46%), jedoch mit nur 51,7%, biometrisch nicht gesichert. Bei der Milchfettmenge ist die Differenz auf Grund der hohen absoluten Milchmenge mit 22,5 kg wieder sehr groß (Gamma-Gruppen M = 152,02 kg, Nicht-Gamma-Gruppen M = 129,52 kg) und mit >99,9% biometrisch gesichert.

Eine gleichzeitig durchgeführte Ermittlung der Blutgruppen von 80 der insgesamt 95 zur Varianzanalyse herangezogenen Rinder zeigte in keiner Weise auch nur angedeutet eine Koppelung zwischen Blutgruppe und Serumeiweiß-

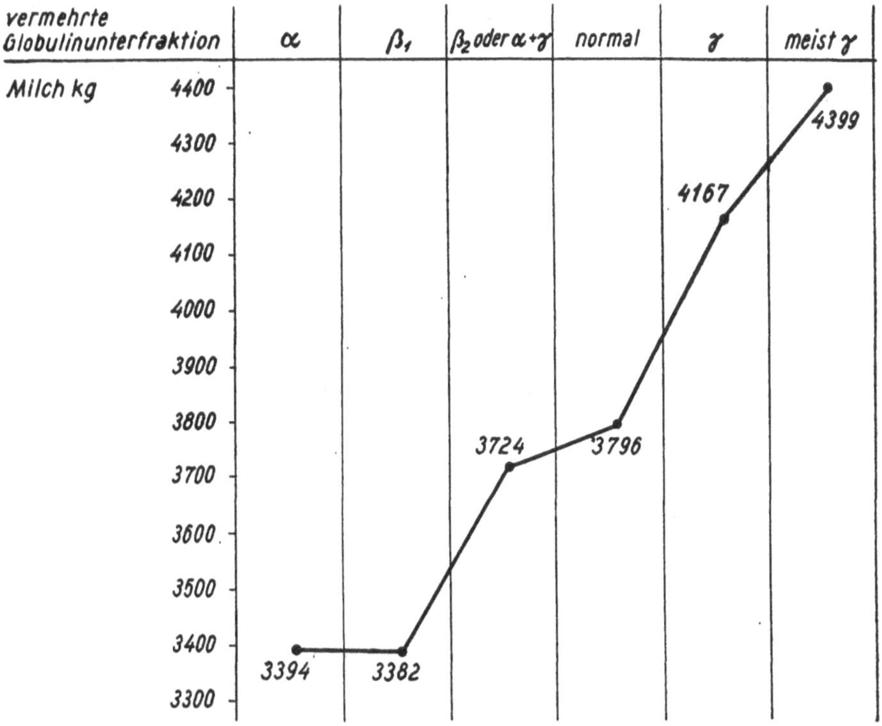

2) Etwa 80 der Seren waren darüber hinaus elektrophoretisch geklärt.

zusammensetzung. Es ist aus diesem Grunde kaum anzunehmen, daß die hohe Milchleistung beim Rind an die Träger bestimmter Blutgruppen gebunden ist. Hier sind weitere Untersuchungen erwünscht.

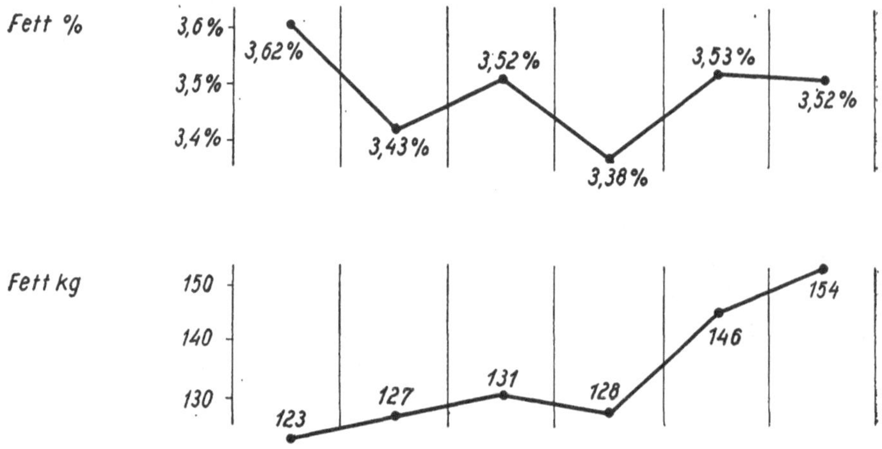

Zusammenfassung

Zusammenfassend wäre zu den Versuchen des Abschnittes VII zu sagen:

1. Zwischen dem Gesamteiweißgehalt des Serums und der Leistung bei Kühen ergeben sich nur geringgradige, zudem mathematisch nicht gesicherte Korrelationen, die für die absolute Milchmenge positiv, für den prozentualen Fettgehalt und absoluten Milchfettgehalt jedoch negativ verlaufen.
2. Bei der qualitativen Serumeiweißdifferenzierung zeigte es sich, daß die Kühe mit Vermehrung der γ-Globulinunterfraktion die leistungsstärksten waren. Die Leistungsdifferenz zwischen den Tieren der vier Gruppen ohne Gamma-Globulinvermehrung im Serum (3635 kg Milch) und den Tieren der beiden Gruppen mit Gamma-Globulinvermehrung (4339 kg) betrug 704 kg und ist mit $>$99,9% Wahrscheinlichkeit statistisch gesichert.
3. Es bestehen keinerlei Beziehungen von der qualitativen Zusammensetzung des Serumeiweißes zu einer bestimmten Blutgruppe.

VIII. Beziehungen zwischen Gesamteiweißgehalt des Serums, den einzelnen Globulinunterfraktionen und dem Körperbau

Bisherige Literatur

Die deutschsprachige und mir zugängliche fremdsprachige Literatur bringt keine Angaben, die sich speziell mit Beziehungen zwischen Qualität und Quantität des Serumeiweißes und dem morphologischen Bau des Tierkörpers befassen.

Nur wenige Autoren haben weiterhin Korrelationen zwischen dem Körperbau und dem Blutbild zum Gegenstand ihrer Untersuchungen gemacht. Besonders war es auch hier wieder die Schule des Schweizer Tierzüchters DUERST, die sich mit derartigen Untersuchungen befaßte. So fanden DUERST (23), VAN GELDER (37) und SCHÖNENBERGER (125) besonders zwischen Bluttrockensubstanz und einigen bestimmten Körpermaßen, wie Brustlänge, Rippenbrustbreite und Brusttiefe, Wechselbeziehungen, während FEIGE (30), KLEEBERG (68) und GOETZE (40) jegliche Korrelation zwischen Körperbau und Milchleistung verneinen.

Nur zu genau ist es uns heute bekannt, daß Gesundheit und Konstitution die erste Grundbedingung für die Leistungsfähigkeit eines Tieres darstellen. Gesunde Organe können aber nur in einem zweckentsprechend, harmonisch gebauten Körper ausgebildet sein. Zahlreich sind daher die Arbeiten, die sich mit der Erfassung von Zusammenhängen zwischen bestimmten Körperformen und der Leistung in der Rinderzucht befaßt haben. Unsere heutigen Vorstellungen vom Aussehen einer leistungsstarken und gesunden Milchkuh sind klar und bestimmt. „Die empirische Beurteilungslehre in der Tierzucht geht von einer Anzahl äußerer morphologischer Merkmale aus und glaubt an bestimmte Zusammenhänge mit dem Bau, der Tätigkeit und Leistung des Tieres. Dabei werden mit dem Konstitutionstyp feste Vorstellungen über das jeweilige Körperbauprinzip und die physiologische Leistung verbunden" (STAHL, 132).

Alle eigenen Untersuchungen, die sich mit der Ermittlung von Wechselbeziehungen zwischen dem Serumeiweiß und dem Körperbau befassen, werden darum nicht um ihrer selbst willen betrieben, sondern sollen auch auf diesem Wege zur Klärung der Frage beitragen, ob und welche Beziehungen zwischen der Qualität und Quantität des Serumeiweiß einerseits und der Leistung andererseits bestehen. Die Bemühungen, auf statistischem Wege Beziehungen zwischen der Leistung des Rindes und seiner äußeren Körperform zu ermitteln, sind bereits sehr alt und wurden 1888 von SETTEGAST (129), später von LYDTIN, KRÄMER,

GERBER und POTT (109) auf wissenschaftliche Grundlagen gestellt. Schon 1909 hatte sich die Beurteilung der Leistungsfähigkeit durch die Körperform so weit durchgesetzt, daß J. SCHMIDT (123) „es als eine anerkannte Erfahrungstatsache betrachtete, daß die Formen des Körpers durch dessen Leistungen bedingt werden und daß deshalb auch gewisse körperliche Erscheinungen Merkmale der Leistungsfähigkeit für bestimmte Zwecke sind".

Umfangreiche derartige Untersuchungen führten in späteren Jahren STEGMANN (133) an 453 baltischen Anglerrindern und BOGDANOW (13) an 80 ostpreußischen Holländern durch, und beide konnten, wie auch ATTINGER (3), KRONACHER (73), GAUDE (35), ZEHNTNER (171), NEUENSCHWANDER (99), KLEEBERGER (69) und NIETZSCHE (100), Ergebnisse finden, die etwa denen von J. SCHMIDT entsprechen.

Unsere heutigen Vorstellungen vom Aussehen einer guten Milchkuh fassen SCHMIDT, PATOW und KLIESCH (124) 1950 zusammen, wenn sie fordern: längerer, feiner, edler Kopf, breites Flotzmaul, langer Hals, breiter, gut bemuskelter, nicht gespaltener Widerrist, Rücken und Lende ausreichend breit und kräftig, lange, breite und voll bemuskelte Kruppe, geräumiger Brustkorb, tonnenförmiger Bauch, großes, viel Fläche bedeckendes, an allen Vierteln gleichmäßig entwickeltes Euter, gut bemuskelte und genügend starke Gliedmaßen. Bezüglich des Rahmens werden heute mittelschwere bis leichte Milchkühe bevorzugt.

Eigene Untersuchungen

In der vorliegenden Arbeit sollte nicht versucht werden, einzelne Körpermaße zum Vergleich mit dem Serumeiweiß heranzuziehen, sondern vielmehr aus den Werten verschiedener Körperproportionen Schlüsse zu ziehen. Es wurden daher 11 der in der Tierbeurteilung gebräuchlichsten Indizes zu den Ergebnissen der genannten Eiweißuntersuchungen in Korrelation gesetzt. An einem Material von 137 Kühen des schwarzbunten Niederungsrindes, die auf zwei großen Betrieben des Landes Brandenburg unter annähernd gleichen Haltungs-, Klima-, Fütterungs- und Umweltverhältnissen stationiert waren, wurden zunächst Mittelwerte für jeden Index berechnet, um die Brauchbarkeit des Tiermaterials und der eigenen Meßtechnik zu ermitteln. Selbstverständlich dürfen diese Mittelwerte niemals als Normalwerte der schwarzbunten Niederungsrasse oder eines bestimmten Schlages angesehen werden, da sie stets die konstitutionellen und konditionellen Verhältnisse des untersuchten Materials widerspiegeln.

Aus diesem Material wurden mit strengem Maßstab 80 Tiere für die Korrelationsberechnungen ausgesucht. Diese Tiere waren bei der Beurteilung nach der Begriffsdefinition in dieser Arbeit sämtlich gesund, mindestens dreijährig und zur Zeit der Blutentnahme und Messung nüchtern. Nach den Arbeiten von SCHMID (zit. nach DUERST, 25) genügt es für derartige Untersuchungen vollauf, Tiere in diesem Alter heranzuziehen, da es sich gezeigt hat, daß sich die Indizes vom 4. Lebensjahr an kaum verändern. Unter dem Material befanden sich weiterhin nur einige niedertragende Kühe, so daß die ganze Versuchsgruppe im wesentlichen als biologisch einheitlich im Sinne dieses Versuches angesehen werden darf.

Als Mittelwert der Serumeiweißwerte wurde für die Korrelationsrechnungen 6,4 g-% bestimmt und benutzt.

Sinn dieser Untersuchungen sollte es letzthin sein, zu ermitteln, ob Beziehungen zwischen dem Serumeiweiß und dem durch die Indexberechnung ermittelten Leistungstyp bestehen.

1. Der seitliche Körperformatindex

$$\frac{\text{Widerristhöhe} \times 100}{\text{Rumpflänge}}$$

bringt zum Ausdruck, daß sich ein Rind bei steigender Indexzahl von der Langrechteckform unserer Kulturrassen entfernt und der Quadratform des Wildrindes nähert.

Der Index ist somit niedriger bei kleinen, jedoch langen Tieren, er ist dagegen höher bei großen Tieren mit relativ kurzem Rumpf. Nach eigenen Untersuchungen beträgt bei Tieren mit hohen Indexzahlen die Rumpflänge stets weniger als etwa 114% der Widerristhöhe, bei niedrigen Indexzahlen aber stets mehr.

Für die verschiedenen Schläge des schwarzbunten Niederungsrindes gibt DUERST (25) 1930 als Indexmittel u. a. an:

Oldenburger	84,3
Ostpreußen	84,8
Friesen	87,8

Eigene Messungen an den 137 Schwarzbunten des Versuchsmaterials ergaben einen Index von 86,2, während derjenige der 80 zur Korrelation herangezogenen Tiere bei einer mittleren Widerristhöhe von 131,45 cm und einer mittleren Rumpflänge von 150,57 cm 87,3 betrug.

Den Angaben von OVERBOSCH (106), DUERST (25) und denen der von ihm zitierten Autoren folgend, sollen Rinder mit langer Rumpfform und damit niedrigerem Index höhere Milch- und Fettleistungen aufweisen als Tiere mit kurzem Rumpf. Auch STEGMANN (133) sah beim baltischen Anglerrind mit zunehmender Widerristhöhe fallende Milcherträge.

BOGDANOW (13) teilte die von ihm untersuchten ostpreußischen Holländerkühe in mehrere Leistungsgruppen, für die er die Mittelwerte des seitlichen Körperformatindex errechnete:

	I.	II.	III.
	16 Kühe	41 Kühe	22 Kühe
	2038—3006 kg Milch	3006—3962 kg Milch	4017—5831 kg Milch
Index	80,41	79,68	79,06

I.	II.	III.	IV.
7 Kühe	23 Kühe	30 Kühe	16 Kühe
155—193 kg Milchfett	201—245 kg	252—298 kg	301—388 kg
Index 80,70	80,28	79,46	78,54

Auch er sah also bei niedrigerem Index höhere Leistungen. Einen überragenden Unterschied weisen jedoch die Indexzahlen der ausgesprochenen Milchrassen gegenüber denen der Fleischrassen nicht auf:

Angler in Estland	78,4	Herefords	82,5
Dänisches Rotvieh	78,6	Deutsche Shorthorns	82,7

Diese nur geringe Differenz resultiert daraus, daß die Fleischrassen zwar einen verkürzten Rumpf zeigen, jedoch auch absolut kürzere Beine besitzen, so daß die Relation der Milchrassen ziemlich erhalten bleibt. Der Index ist also besser geeignet, Unterschiede zwischen den Tieren einer Rasse anzugeben, als zwischen Tieren verschiedener Rassen. Unterschiede innerhalb einer Rasse aber können, wie bereits das relativ geringe vorliegende Versuchsmaterial beweist, recht erheblich sein. Sie belaufen sich hier etwa auf 78 bis 104.

Der Versuch, den seitlichen Körperformatindex in Korrelation zum unmittelbar nach der Messung bestimmten Gesamteiweißgehalt des Serums der gleichen Tiere zu setzen, ergab jedoch lediglich einen mathematisch-statistisch nicht gesicherten Korrelationskoeffizienten

$$r = 0{,}135 \pm 0{,}11$$

Die Korrelation ist so gering, daß sie nur wenig größer ist als der mittlere Fehler. Es besteht also praktisch keinerlei Wechselbeziehung zwischen seitlichem Körperformatindex und Serumeiweißgehalt. Biometrisch ist sie schwach positiv angedeutet, das hieße, daß einem steigenden Index eine Serumeiweißerhöhung folgen würde.

2. Der quere Körperformatindex

$$\frac{\text{Rippenbrustbreite} \times 100}{\text{Widerristhöhe}}$$

ist die prozentual zur Widerristhöhe ausgedrückte Rippenbrustbreite. Der Index beträgt nach DUERST u. a. bei

Ostfriesen	32,1
Jerseys	32,8
Ostpreußen	36,4
Englische Shorthorns	40,8
Aberdeen Angus	43,2

und steigt also deutlich von den Milch- zu den Mastrassen an. Da aber auch dieser Index wie jeder andere nur relative Angaben leistet, muß seine Erhöhung nicht in jedem Fall eine Folge des absolut breiteren Brustkorbes sein: Bei gleicher Widerristhöhe haben Tiere mit breiterem Brustkorb den höheren Index, dagegen ist bei gleicher Brustbreite der Index der kleineren Tiere höher.

Bei den 137 eigenen Messungen wurde ein Index von 33,4 ermittelt. Die 80 zur Korrelation benutzten Rinder wiesen eine mittlere Rippenbrustbreite von 42,86 cm bei einer mittleren Widerristhöhe von 131,45 cm auf und besaßen somit einen mittleren Index von 32,6. Auch zwischen diesem Index und dem Serumeiweißgehalt besteht absolut keine Korrelation:

$$r = 0{,}06 \pm 0{,}1114$$

In diesem Falle ist der mittlere Fehler sogar doppelt so groß wie der Korrelationskoeffizient.

3. Der quere Rumpfformatindex oder Brustkorbindex

$$\frac{\text{Rippenbrustbreite} \times 100}{\text{Brusttiefe}}$$

ist ein arithmetischer Ausdruck für die Querschnittsform des Rumpfes auf der Höhe der betreffenden Messung (DUERST, 25). Er ist um so höher, je gewölbter ein Brustkorb im Schnitt erscheint. Bei Tieren mit mittlerer Rippenbrustbreite zeitigt eine zu tiefe Brust durch Entstehen eines stark längsovalen Brustkorbquerschnittes einen kleinen Index, während eine niedrige Brust durch Annäherung an einen mehr runden Querschnitt und damit an eine stärkere Wölbung des Brustkorbes einen hohen Index ergibt. Bei Tieren mit mittlerer Brusttiefe entsteht der niedrige Index bei zu schmaler Rippenbrustbreite (Querschnitt längsoval), der hohe Index bei zu großer Rippenbrustbreite (Querschnitt annähernd rund).

Als mittlere Indizes nennt DUERST (25) u. a.:

Jerseys	61,6
Ostfriesen	62,2
Ostpreußen	65,8
Herefords	75,7

Die 137 eigenen Messungen ergaben einen mittleren Brustkorbindex von 62,4, die 80 zur Korrelation benutzten Rinder wiesen bei einer mittleren Rippenbrustbreite von 42,86 cm und einer mittleren Brusttiefe von 69,54 cm einen Index von 61,6 auf.

Auch zwischen diesem Index und dem Gesamteiweißgehalt bestand keine Korrelation:

$$r = 0{,}0187 \pm 0{,}1118$$

4. Der Brusttiefenindex

$$\frac{\text{Brusttiefe} \times 100}{\text{Widerristhöhe}}$$

stellt die prozentual zur Widerristhöhe ausgedrückte Brusttiefe dar. Er besagt also, daß der Rumpf im Verhältnis zur Widerristhöhe mit steigendem Index tiefer wird. Auch hier ist die höhere Indexzahl nur Relativwert und nicht in jedem Fall ein Zeichen tieferer Brust.

DUERST (25) gibt zu diesem Index an:

Westfriesische Holländer	51,5
Ostpreußen	54,8
Jerseys	55,3
Ostfriesen	55,6
Deutsche Shorthorns	56,4
Aberdeen Angus	61,6

Über die Beurteilung der Brusttiefe innerhalb einer Rasse gehen die Meinungen etwas auseinander. Biometrisch läßt sich (zitiert nach DUERST, 25) jedoch eine, wenn auch nur kleine Korrelation zwischen Brusttiefe und Milchleistung ermitteln, während OVERBOSCH (106) gegenteilig feststellte, daß Milchmenge und -fettgehalt beim Tieferwerden des Tieres abnehmen. Auch NEUENSCHWANDER (99) glaubt im Gegensatz zu seinem Lehrer DUERST an eine negative Korrelation zwischen Brusttiefe und Milchmenge, die er an 60 Tieren des Schweizer Haslirindes bei einer mittleren absoluten Brusttiefe von 68,7 cm und einem mittleren Milchertrag von 9,8 kg pro Tier und Tag mit $-0{,}2427 \pm 0{,}1215$ ermittelte. Die Arbeiten von WILCKENS (154), BARDONNET, LYDTIN (90), WERNER (147), ATTINGER (3), KRONACHER (73), KÜHN (76), HENGEVELDT und vielen anderen haben jedoch gleichfalls schon vor zum Teil 70 und mehr Jahren ergeben, daß zu einer guten Milchkuh ein geräumiger Brustkorb gehört.

AUGUSTIN (4), der die Zahlen von GAUDE (35) biometrisch berechnete, fand bei 709 ostfriesischen Schwarzbunten zwischen absoluter Brusttiefe und Milchleistung eine deutlich positive Korrelation von $0{,}245 \pm 0{,}039$. ZEHNTNER (171) fand an 169 Simmentaler Fleckviehrindern und 109 Tieren des Schweizer Braunviehs einen Korrelationskoeffizienten

$$r = +0{,}1752 \pm 0{,}0955$$

zwischen Brusttiefenindex und Milchleistung.

In neuester Zeit weist ZORN (174) 1950 abermals auf die Bedeutung der Brustmaße für die Leistungsfähigkeit der Milchkuh hin, die für einen dauernd energischen Verbrennungsprozeß ein großes und lebhaftes Atmungsbedürfnis hat. Von der ungestörten Funktion des Herzens und der Lunge, die nur in einer geräumigen Brusthöhle möglich ist, hängen das Gedeihen des Tieres, Milcherzeugung, Fleischansatz und Kraft ab (STEGMANN, 133).

Die 137 eigenen Messungen stellten einen Index von 53,6 fest. Die 80 zur Korrelation herangezogenen Rinder besaßen bei einer mittleren Brusttiefe von 69,54 cm und einer mittleren Widerristhöhe von 131,45 cm einen solchen von 52,9.

Eine völlig gesicherte Korrelation konnte auch zwischen dem Brusttiefenindex und dem Serumeiweißgehalt nicht gefunden werden:

$$r = 0{,}1985 \pm 0{,}1074$$

Wäre diese Korrelation restlos gesichert, so könnte man auf indirektem Wege unter Berücksichtigung der oben zitierten Literaturangaben darauf schließen, daß Tiere mit höheren Serumeiweißwerten und damit größerer Brusttiefe auch den höheren Milchertrag hätten.

5. Der Rumpfgrundflächenindex

$$\frac{\frac{\text{Rippenbrustbreite} + \text{Hüftbreite}}{2} \times 100}{\text{Rumpflänge}}$$

ist der Ausdruck für die Grundfläche des Rumpfes, die von einem Parallelogramm gebildet wird, dessen Länge durch die Rumpflänge und dessen Höhe aus dem Mittelwert von vorderer und hinterer Rumpfbreite bestimmt wird:

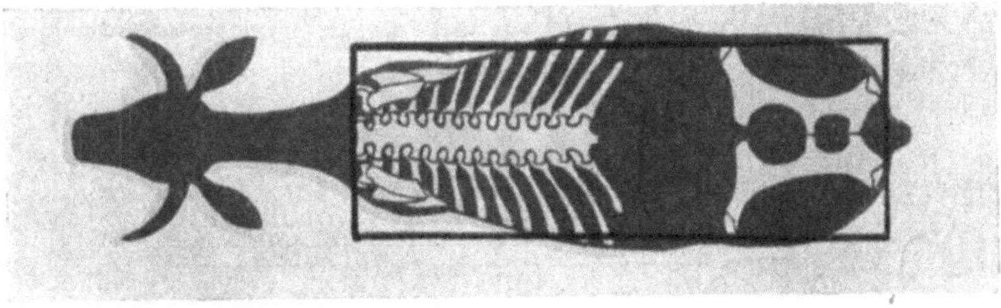

Rumpfflächenparallelogramm (Aufnahme aus DUERST, 25)

Der Index ist um so höher, je breiter das Grundflächenrechteck ist und umgekehrt.

Der Index aus 137 eigenen Messungen lautete 32,7. Der Index der zur Korrelation benutzten 80 Rinder betrug bei einer mittleren Rippenbrustbreite von 42,86 cm, einer mittleren Hüftbreite von 56,12 cm und einer mittleren Rumpflänge von 150,57 cm 32,9. Zwischen dem Rumpfgrundflächenindex und dem Serumeiweißgehalt findet sich eine geringe Korrelation, die die untere Grenze biometrischer Sicherung geringgradig überschreitet:

$$r = 0{,}2273 \pm 1{,}067$$

(Für 80 Freiheitsgrade ist die biometrische Sicherung nach SNEDECOR, 131, bei 0,217 erreicht.) Für die Regression wurde ein Wert

$$R = 0{,}2375$$

errechnet, d. h. bei einem Ansteigen des Index um 1 findet eine Erhöhung des Gesamtserumeiweißgehaltes um 0,2 g-% statt.

6. Der Index der Rumpfgedrungenheit

$$\frac{\text{Rumpflänge} \times 100}{\text{Brustumfang}}$$

steht wie der Rumpfgrundflächenindex in besonders enger Beziehung zur Leistung, da Mastrinder einen bedeutend gedrungeneren Rumpf aufweisen als Milchtiere.

Der Index ist hoch bei kleinem oder normalem Brustumfang und langen Tieren, er ist niedrig bei großem oder normalem Brustumfang und kurzen Tieren.

DUERST gibt hierfür u. a. an:

Ostfriesen	85,9
Rote Dänen	82,3
Jerseys	79,4
Englische Shorthorns	75,5

Der Index der 137 eigenen Tiere betrug 80,5, während die 80 zur Korrelation benutzten Rinder bei einer mittleren Rumpflänge von 150,57 cm und einem mittleren Brustumfang von 189,22 cm einen solchen von 79,6 aufwiesen.

Zwischen dem Index der Rumpfgedrungenheit und dem Gesamteiweißgehalt des Serums besteht keine gesicherte Korrelation:

$$r = 0{,}1724 \pm 0{,}1085$$

7. Der Rumpfvolumenindex

$$\frac{\text{Rippenbrustbreite} \times \text{Brusttiefe} \times \text{Rumpflänge}}{10000}$$

drückt mit zunehmenden Werten das wachsende Volumen eines Tieres aus. Der Index ist erhöht bei Vergrößerung mindestens eines der drei zur Berechnung benutzten Körpermaße und umgekehrt.

Nach Berücksichtigung des systematischen Kommafehlers in der Tabelle von DUERST liegen einige Werte dort bei:

Jerseys	36,3
Ayrshires	41,8
Ostpreußen	55,2
Schweizerisches Braunvieh	69,1

Bei den 137 eigenen Berechnungen betrug der Index 46,5, bei den 80 Rindern, die zur Korrelation herangezogen wurden, 44,9 bei einer mittleren Rippenbrustbreite von 42,86 cm, einer mittleren Brusttiefe von 69,54 cm und einer mittleren Rumpflänge von 150,57 cm. Rumpfvolumenindex und Gesamtserumeiweiß zeigen eine gesicherte Wechselbeziehung:

$$r = 0{,}2905 \pm 0{,}1024$$

Die Regression beträgt

$$R = 0{,}215$$

d. h. beim Steigen des Indexwertes um 1 steigt der Serumeiweißgehalt um 0,2 g-%.

Gerade diese Korrelation ist beachtenswert, da auch sie dafür spricht, daß mit zunehmendem Volumen mit dem Serumeiweiß auch die Milchleistung steigt.

GOWEN (41) verglich nämlich 1920 Volumen und Milchleistung beim Friesisch-Holländischen Rinde Amerikas und fand eine positive Korrelation von 0,35, LEROY (80) ermittelte 1928 bei den Normännern $+0,292 \pm 0,06$!

8. Der Rippenwölbungsindex (nach GEHRKE)

$$\frac{\text{Brustumfang} \times 100}{2\,(\text{Brustbreite} + \text{Brusttiefe})}$$

ist das Verhältnismaß des Brustumfanges und der Rippenwölbung zu den Maßen von Tiefe und Breite des Thorax. Die Indexzahl ist um so höher, je kleiner Rippenbrustbreite und Brusttiefe im Verhältnis zum Brustumfang sind bzw. umgekehrt.

Als Mittel aus den 137 eigenen Berechnungen wurde 82,8 festgestellt. Die 80 zur Korrelation herangezogenen Tiere zeigten bei einem mittleren Brustumfang von 189,22 cm, einer mittleren Rippenbrustbreite von 42,86 cm und einer mittleren Brusttiefe von 69,54 cm einen Index von 84,2.

Bei der Korrelation mit dem Gehalt des Serums an Protein ergab sich ein nicht gesicherter negativer Korrelationskoeffizient

$$r = -0{,}1667 \pm 0{,}1087$$

Das heißt also, je größer der Serumeiweißgehalt ist, desto kleiner ist der Rippenwölbungsindex, desto größer sind Rippenbrustbreite und Brusttiefe im Verhältnis zum Brustumfang.

9. Der Hüftweitenindex

$$\frac{\text{Beckenlänge} \times 100}{\text{Hüftbreite}}$$

gibt eine Aussage über die Form des Beckens bei der Betrachtung von oben. Der Index ist um so größer, je mehr sich die Beckenform dem Quadrat nähert. Er ist um so kleiner, je mehr das Becken die Form eines Rechteckes annimmt, wobei die längere Seite der Figur durch die Hüftbreite gebildet wird.

Als mittlerer Index aus 137 Messungen wurde 92,1 errechnet. Die 80 zur Korrelation benutzten Tiere besaßen eine mittlere Beckenlänge von 51,5 cm, eine mittlere Hüftbreite von 56,12 cm, somit einen Index von 91,8.

Hüftweitenindex und Gesamtproteingehalt des Serums zeigten absolut keine Korrelation:

$$r = -0{,}0187 \pm 0{,}1118$$

10. Der BARONsche Index der Knochenstärke

$$\frac{\text{Röhrbeinumfang} \times 100}{\text{Brustumfang}}$$

dürfte in erster Linie Ausdruck für einen kleiner oder größer werdenden Brustumfang sein, da der Röhrbeinumfang nur in geringerem Maße schwankt. Der

Index ist um so kleiner, je größer bei gleichbleibender Röhre der Brustumfang ist. Gerade der Bau des Knochengerüstes, als dessen Maßstab in der Tierbeurteilung der Röhrbeinumfang gilt, steht in sehr enger Korrelation mit der Konstitution. Das Streben nach größerer Knochenstärke hat zwar zu einer Vergröberung unserer Zuchttiere, jedoch nicht zu einer Verbesserung der Konstitution geführt, wie uns die hochgezüchteten Rassen mit großer Knochenstärke beweisen (SCHÄPER, 118). 137 eigene Messungen ergaben einen mittleren Index der Knochenstärke von 9,84. Mit 18,59 cm mittlerem Röhrbeinumfang und 189,22 cm mittlerem Brustumfang betrug der Index der zur Korrelation herangezogenen 80 Tiere 9,82.

Es ergab sich zwischen Knochenstärkeindex und Gesamtserumeiweißgehalt eine allerdings nicht völlig gesicherte negative Korrelation:

$$r = -0{,}2038 \pm 0{,}1072$$

Mit zunehmendem Index, wie ihn DUERST (25) besonders für die Masttiere beschreibt, nimmt also der Serumeiweißgehalt ab, und zwar nach der Regression

$$R = -0{,}298$$

Bei Zunahme des Index um je 0,1 würde sich also im Falle von biometrischer Sicherung von r der Serumeiweißgehalt von 0,3 g-% vermindern.

11. Der Röhrbeinbelastungsindex

$$\frac{\text{Röhrbeinumfang} \times 100}{\text{kg Lebendgewicht}}$$

erscheint um so größer, je stärker ein Knochen im Vergleich zu dem ihn belastenden Gewicht ist.

DUERST (25) gibt hierzu unter anderem an:

Holländer	3,19
Ostpreußen	3,22
Jerseys	3,58
Shorthorns	3,86
Oberharzer	4,12

Als Mittelwert von insgesamt 60 Versuchstieren ergab sich der Index von 3,49. Die 21 zur Korrelation herangezogenen Rinder hatten einen mittleren Röhrbeinumfang von 18,47 cm, ein mittleres Lebendgewicht von 531,43 kg und somit einen Index von 3,48. Zwischen diesem Index und dem Serumeiweißgehalt des Serums besteht eine nicht gesicherte negative Korrelation:

$$r = -0{,}275 \pm 0{,}2018$$

Mit zunehmendem Röhrbeinbelastungsindex (Knochenvergröberung) nimmt der Serumeiweißgehalt ab. (Die biometrische Sicherung ist bei 20 FG erst bei 0,423 erreicht.) Dieses Ergebnis spricht dafür, daß gute Milchleistung mit steigendem

Serumeiweißgehalt einhergeht, nachdem MÄGI (zitiert nach DUERST, 25) mit Hilfe des Röhrbeinbelastungsindex an 600 Kühen gleichfalls eine negative Korrelation

$$r = -0{,}213$$

ermittelt hatte. Auch KRONACHER hatte 1909 bereits festgestellt, daß sich Tiere mit leichtem und mittelstarkem Knochenbau denen mit starken Knochen leistungsüberlegen zeigen. Feinen Knochen ist also einmal die höhere Milchergiebigkeit, zum anderen aber gleichzeitig der höhere Serumproteingehalt zu eigen.

Eine Reihe von weiteren Untersuchungen verfolgte den Zweck, festzustellen, ob die Werte der einzelnen Körperindizes zum prozentualen Anteil der einzelnen Globulinunterfraktionen des Serumeiweiß in einer Beziehung stehen.

Die Bestimmung der Globulinunterfraktionen ließ sich auch in diesem Versuch bei einem derart großen Material und außerdem wegen der fehlenden eigenen Anlage nicht elektrophoretisch durchführen und somit nicht in absoluten Zahlen angeben. Die Einteilung der Seren erfolgte daher wiederum nur nach dem über der Norm liegenden Vorhandensein einzelner Globulinunterfraktionen mit Hilfe der von WUHRMANN, WUNDERLY und HUGENTOBLER (166) beschriebenen Kombinationsmethode zweier Serumeiweiß-Labilitätsproben. Die Technik dieser Methode wurde ausführlich auf den Seiten 5 bis 12 wiedergegeben. Die Auswertung der Ergebnisse erfolgt graphisch auf den folgenden Seiten und geschieht nach dieser Technik.

WUHRMANN, WUNDERLY und HUGENTOBLER finden mit ihrer Methode insgesamt 6 Konstellationsgruppen, als deren Resultat wir kennen:

1. α-Globuline vermehrt,
2. β_1-Globuline vermehrt,
3. β_2- oder $\alpha+\gamma$-Globuline vermehrt,
4. normale Globulinzusammensetzung des Serums,
5. γ-Globuline vermehrt,
6. spezifische Verhältnisse, zumeist γ-Globuline vermehrt.

Jeder dieser Konstellationsgruppen wurde bei der Darstellung der Ergebnisse ein senkrechtes Feld gewährt. Horizontal durch diese 6 Felder erfolgte die Eintragung des im ersten Teil dieses Abschnittes festgestellten Mittelwertes eines jeden Körperindex.

Dann wurde das gemessene Versuchsmaterial nach dem Ausgang der Kadmiumsulfatreaktion und des Weltmannschen Koagulationsbandes in die beschriebenen 6 Gruppen eingeteilt und nunmehr für jede Konstellationsgruppe das Indexmittel errechnet und eingetragen. Die Methode hatte zwei Nachteile, die sich nicht vermeiden ließen:

1. Die Verteilung des Versuchsmaterials auf die einzelnen Konstellationsgruppen erfolgt nicht gleichmäßig. So weist eine dieser Gruppen (6) eine stärkere, eine

andere (1) eine schwächere Population auf, so daß der errechnete Mittelwert einen geringen Fehler beherbergen wird, ohne daß dadurch allerdings die Gesamttendenz wesentlich beeinträchtigt würde. Diesem Fehler konnte durch Aufstellen gleichstarker Gruppen nicht vorgebeugt werden, da einmal nur gesunde Tiere zur Untersuchung kamen, zum anderen gerade aber diese Tiere äußerst selten eine Vermehrung der α-Globuline aufweisen.

2. Trotz gleichzeitiger Anstellung der Blutsenkung bei manchen Seren der Konstellationsgruppen 3 und 6 erfolgt keine restlose Klärung der Globulinzusammensetzung, so daß auch aus diesem Grunde noch mit gewissen Verschiebungen innerhalb der Gruppen zu rechnen wäre. Diese Veränderungen fallen jedoch wahrscheinlich ebenfalls nicht entscheidend ins Gewicht.

Wenn man von diesen Schwächen der Methodik absieht, so ergibt sich zwar nicht für das Einzeltier, aber doch für die Gesamtheit des Versuchsmaterials in den meisten Fällen die Grundtendenz, daß der mittlere Index der Konstellationsgruppe 4 (normale Globulinzusammensetzung) dem durch einen Strich dargestellten mittleren Index des gesamten Versuchsmaterials am stärksten nahekommt. Das hieße also, daß die Tiere mit einer (für dieses Material) „normalen" Eiweißzusammensetzung des Serums auch die „normalen" Werte für die einzelnen Körperindizes besitzen und umgekehrt.

Für die verschiedenen Konstellationsgruppen zeigten sich im einzelnen folgende Mittelwerte:

Serumkonstellation	Milch kg	Fett %	Fett kg
1	2998	3,57	107,0
2	3450	3,63	125,2
3	3747	3,54	132,6
4	3765	3,44	129,5
5	4102	3,52	144,6
6	4391	3,57	156,7

Vergleicht man diese Werte mit denen der Körperindizes, so zeigt es sich, daß die Höhe der Leistung den Index der Knochenstärke und den Röhrbeinbelastungsindex unbeeinflußt läßt. Dagegen zeigen die Gruppen der leistungsstarken Tiere des Versuches gegenüber der Norm eine Erhöhung der Werte beim queren Körperformatindex, beim queren Rumpfformatindex, beim Brusttiefenindex und bei den Indizes der Rumpfgedrungenheit und des Rumpfvolumens. Rumpfgrundflächenindex und Hüftweitenindex zeigen bei diesen Tieren die gleichen Werte wie bei den Tieren der Kontrollgruppe 4, während der seitliche Körperformatindex und der Rippenwölbungsindex bei leistungsstärkeren Tieren erniedrigt sind. Eine besonders ideale positive Korrelation zwischen Leistung und Indexwerten ergab sich beim Rumpfvolumenindex, eine ideale negative beim Rippenwölbungsindex.

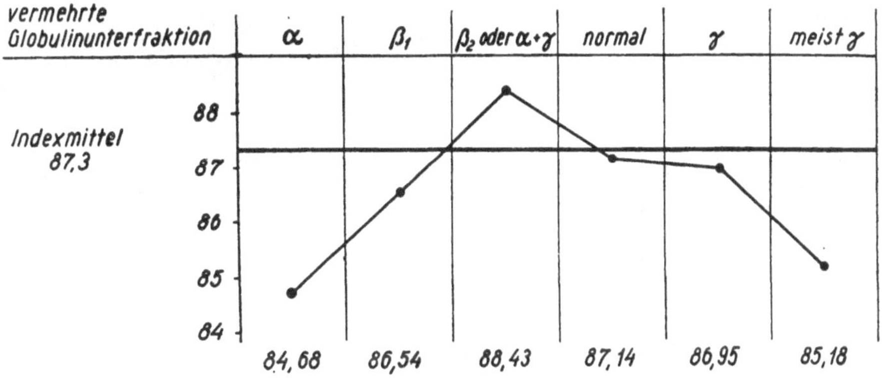
vermehrte Globulinunterfraktion
α
β1
β2 oder α+γ
normal
γ
meist γ
Indexmittel 87,3
88
87
86
85
84
84,68
86,54
88,43
87,14
86,95
85,18

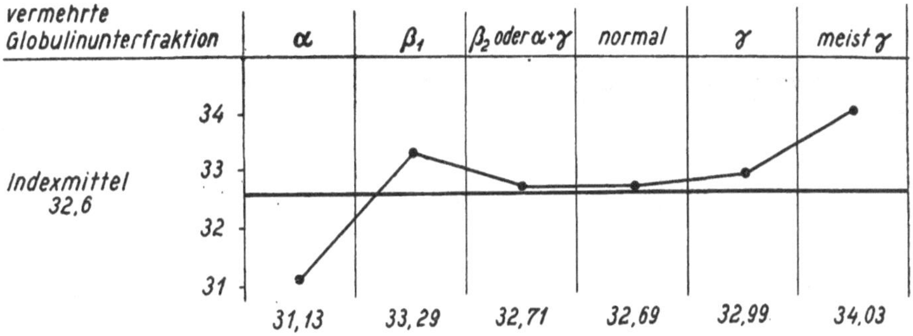
vermehrte Globulinunterfraktion
α
β1
β2 oder α+γ
normal
γ
meist γ
Indexmittel 32,6
34
33
32
31
31,13
33,29
32,71
32,69
32,99
34,03

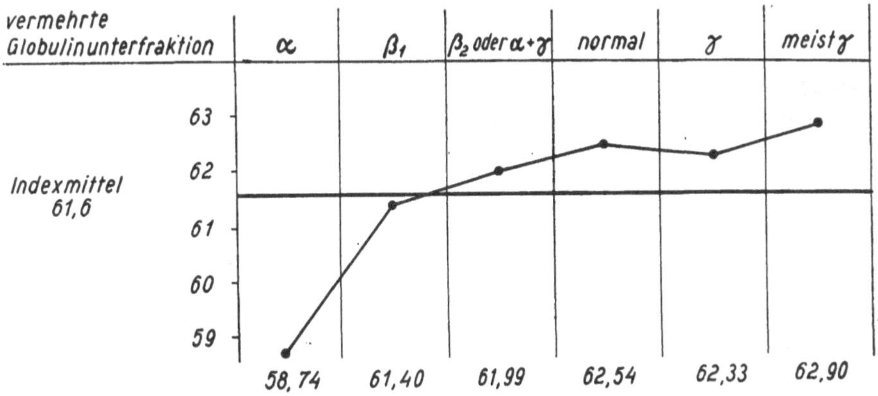
vermehrte Globulinunterfraktion
α
β1
β2 oder α+γ
normal
γ
meist γ
Indexmittel 61,6
63
62
61
60
59
58,74
61,40
61,99
62,54
62,33
62,90

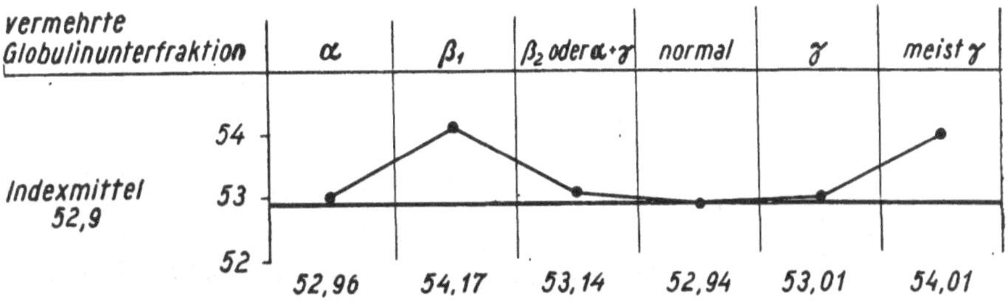
vermehrte Globulinunterfraktion
α
β1
β2 oder α+γ
normal
γ
meist γ
Indexmittel 52,9
54
53
52
52,96
54,17
53,14
52,94
53,01
54,01

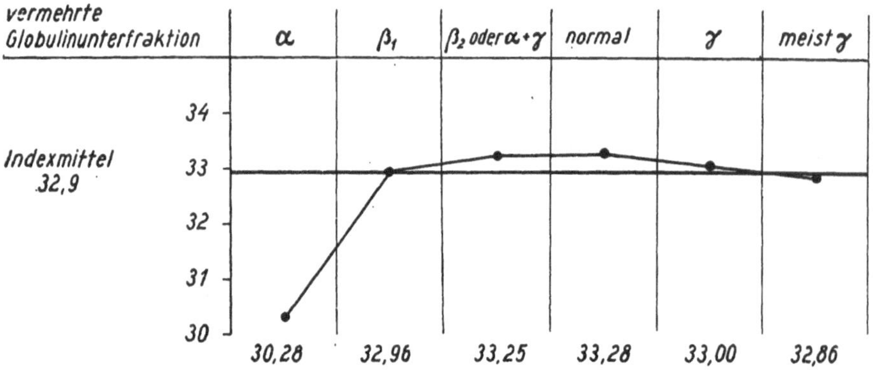
vermehrte Globulinunterfraktion
α
β1
β2 oder α+γ
normal
γ
meist γ
34
33
32
31
30
Indexmittel
32,9
30,28
32,96
33,25
33,28
33,00
32,86

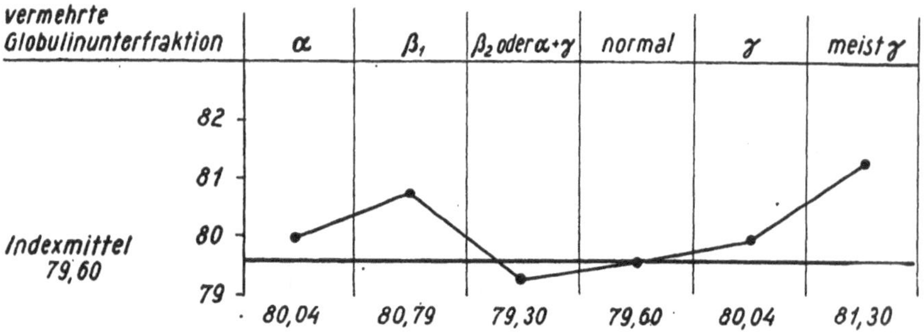
vermehrte Globulinunterfraktion
α
β1
β2 oder α+γ
normal
γ
meist γ
82
81
80
79
Indexmittel
79,60
80,04
80,79
79,30
79,60
80,04
81,30

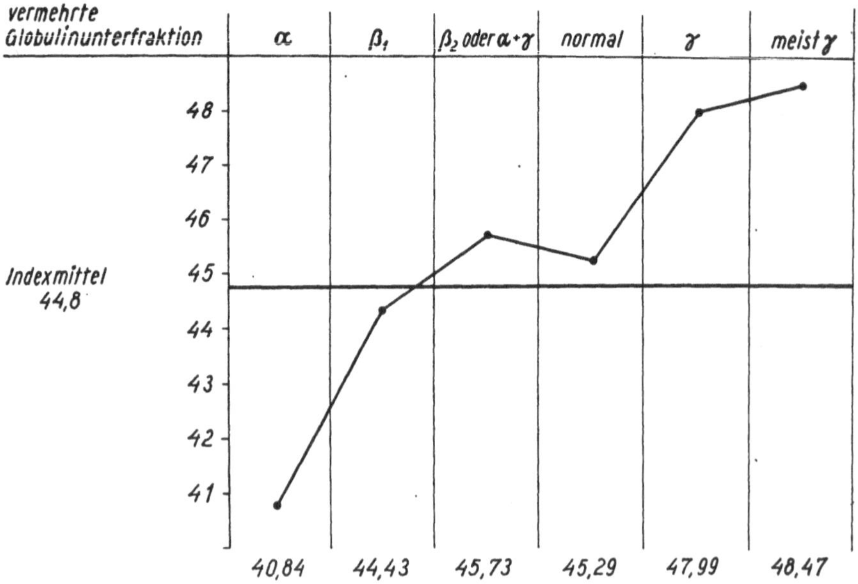
vermehrte Globulinunterfraktion
α
β1
β2 oder α+γ
normal
γ
meist γ
48
47
46
45
44
43
42
41
Indexmittel
44,8
40,84
44,43
45,73
45,29
47,99
48,47

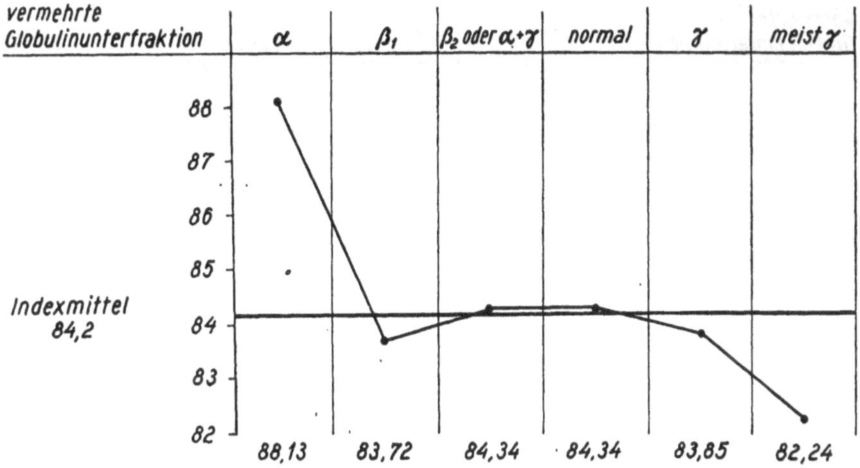
vermehrte Globulinunterfraktion
α
$β_1$
$β_2$ oder α+γ
normal
γ
meist γ
88
87
86
85
84
83
82
Indexmittel 84,2
88,13
83,72
84,34
84,34
83,85
82,24

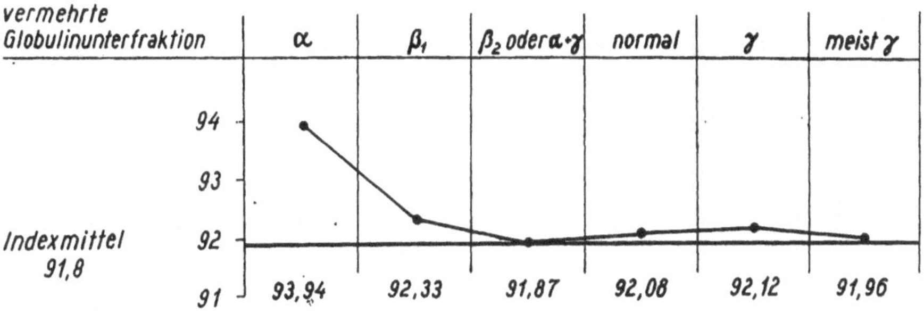
vermehrte Globulinunterfraktion
α
$β_1$
$β_2$ oder α+γ
normal
γ
meist γ
94
93
92
91
Indexmittel 91,8
93,94
92,33
91,87
92,08
92,12
91,96

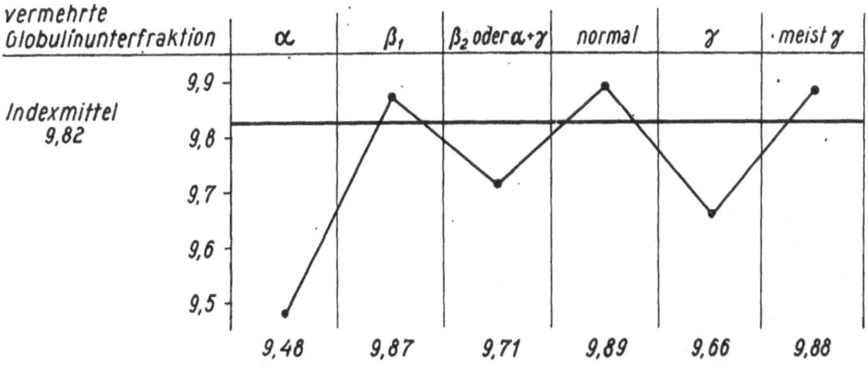
vermehrte Globulinunterfraktion
α
$β_1$
$β_2$ oder α+γ
normal
γ
meist γ
Indexmittel 9,82
9,9
9,8
9,7
9,6
9,5
9,48
9,87
9,71
9,89
9,66
9,88

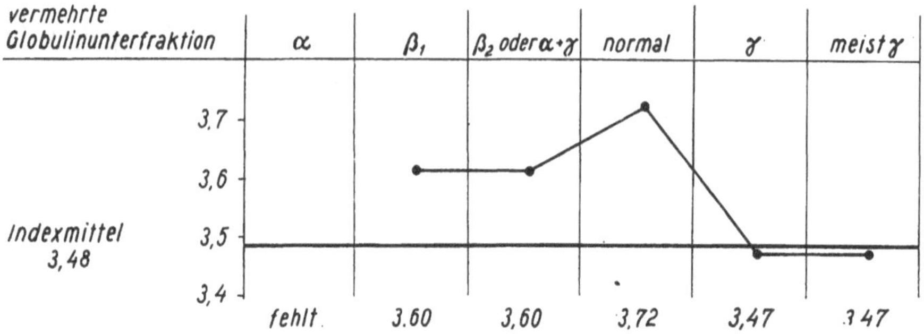

Zusammenfassung

Zusammenfassend kann über die Versuche des Abschnitts VIII gesagt werden:

1. Es bestehen keinerlei Beziehungen zwischen dem Serumeiweißgehalt einerseits und dem queren Körperformatindex, dem queren Rumpfformatindex und dem Hüftweitenindex andererseits.

2. In der Reihenfolge ihrer Eindeutigkeit wurden gewisse positive Korrelationen gefunden zwischen dem Serumeiweißgehalt und dem seitlichen Körperformatindex, dem Rumpfgedrungenheitsindex, dem Brusttiefenindex, dem Rumpfgrundflächenindex und dem Rumpfvolumenindex. Kühe mit hohem Serumeiweiß zeigen nach den Werten der erzielten Korrelationen in ihrer äußeren Form einen mäßig langen Rumpf (r = 0,135 ± 0,11) mit mittlerem Brustumfang (r = 0,1724 ± 0,1085), aber tiefer Brust (r = 0,1985 ± 0,1074), günstiger Rumpfgrundfläche (r = 0,2273 ± 0,1067) und gutem Volumen des gesamten Körpers (r = 0,2905 ± 0,1024).

3. Negative Korrelationen wurden erzielt beim Rippenwölbungsindex, bei der Knochenstärke und beim Röhrbeinbelastungsindex, so daß Kühe mit hohem Serumeiweiß neben den unter 2. genannten Formmerkmalen noch eine gute Rippenwölbung (r = −0,1667 ± 0,1087) bei gewisser Knochenfeinheit zeigen (r = −0,2038 ± 0,1072 bzw. r = −0,275 ± 0,2018).

4. Die unter 2. und 3. genannten Ergebnisse deuten an, daß sich die Tiere mit einem höheren Serumeiweißgehalt in einer Anzahl von äußeren Formmerkmalen den Typ der von SCHMIDT, v. PATOW und KLIESCH (124, vgl. S. 52) genannten Idealgestalt einer Milchkuh nähern.

5. Die qualitative Serumeiweißuntersuchung ergab, daß die Kühe, deren Pherogramm sich am deutlichsten der Norm nähert, auch in der Mehrzahl der Fälle Körperindizes aufweisen, die eng um den Mittelwert aus der gesamten untersuchten Population liegen. Die in den Gruppen mit γ-Globulinvermehrung zusammengefaßten leistungsstärkeren Tiere zeigten erhöhte Werte beim queren Körperformatindex, Rumpfgrundflächenindex, Brusttiefenindex, Rumpfgedrungenheitsindex und Rumpfvolumenindex. Sie wiesen erniedrigte Werte auf beim seitlichen Körperformatindex und beim Rippenwölbungsindex. Diese Feststellungen decken sich sehr wesentlich mit den bisher bekannten Anschauungen über das Aussehen einer idealen Milchkuh.

IX. Schlußbetrachtung

Der qualitativen Zusammensetzung der Serumeiweißkörper kommt in der Humanmedizin in diagnostischer und prognostischer Hinsicht in zunehmendem Maße eine überragende Bedeutung zu. Alle derartigen Untersuchungen stützen sich auf hervorragende Einzelbefunde, sie dürfen heute schon als unentbehrliche Hilfsmittel jeder Klinik bezeichnet werden.

Auch in der klinischen Veterinärmedizin finden die quantitative und qualitative Serumeiweißanalyse schrittweise Eingang. Die Mehrzahl selbst der schwerkranken Patienten wird jedoch hier nicht stationär, sondern ambulant behandelt, dem Praktiker aber stehen nur eng begrenzte Eiweiß-Differenzierungsmöglichkeiten zur Verfügung. Die Ergebnisse der humanmedizinischen Serumeiweißforschung können zudem nicht analog verwertet werden, da das Eiweißspektrum tierischen Serums von dem des menschlichen Serums stark abweicht und daher auch der Ausfall der vielen Serumeiweiß-Labilitätsproben anders als beim Menschen verläuft.

Die in der vorliegenden Arbeit geführten massenstatistischen Untersuchungen an über achthundert Rindern ergaben deshalb auch keine Verhältnisse, wie sie aus der Humanmedizin bekannt sind. Es war — unbeschadet von Einzelfällen — keinerlei deutliche Korrelation zwischen Krankheitsbild[1]) und Serumeiweißzusammensetzung erkennbar. Auch die aus der Humanmedizin bekannte Übereinstimmung der Ergebnisse mehrerer Serumeiweiß-Labilitätsproben konnte statistisch nicht beobachtet werden. Aus diesem Grunde schien einer Anwendung der Serumeiweißdifferenzierung nicht zur Krankheits-, sondern zur Leistungsdiagnose von Milchkühen im Rahmen der Tierbeurteilung gewisse Berechtigung zuzukommen.

Wie die Werte des früher viel hierzu benutzten morphologischen Blutbildes, so können auch Angaben über die Menge und Zusammensetzung des Serumeiweißes nach vorliegender Arbeit nicht zur konstitutions- und leistungsdiagnostischen Beurteilung der einzelnen Milchkuh herangezogen werden.

Es darf jedoch auch nicht die Aufgabe statistischer Untersuchungen sein, das Schicksal des Einzelindividuums zu erfassen. Massenuntersuchungen sollen stets nur versuchen, Gemeinresultate zu ermitteln.

Als Ergebnis aller Untersuchungen wäre daher in diesem Sinne zu sagen, daß Kühe, die im Körperbautyp der idealen Milchkuh stehen, die höheren Serum-

[1]) Der Ausdruck Krankheitsbild ist zu verstehen im Sinne der Fußnoten auf Seiten 20 und 21

eiweißwerte zu besitzen scheinen. Wichtiger als jedoch die Menge des Serumeiweißes scheint seine qualitative Zusammensetzung zu sein. Als durchaus beste Milchkühe hinsichtlich Leistung und Form (Körperindizes) erwiesen sich einwandfrei die Tiere, die eine Vermehrung der γ-Globuline gegenüber der Norm zeigten. Da es heute die Ansicht der Tierzucht ist, daß eine gute Leistung eine starke Konstitution voraussetzt, dürften die gefundenen Resultate gleichfalls begrenzte konstitutionsdiagnostische Bedeutung haben, zumal es uns bekannt ist, daß die γ-Globuline in hervorragendem Maße Träger der natürlichen wie der Immun-Antikörper sind. Man könnte daher geneigt sein anzunehmen, daß neben der genetischen Veranlagung gerade die verstärkte Anwesenheit der γ-Globuline und damit auch der natürlichen Abwehrstoffe des Körpers höhere Leistungen ermöglicht.

Wenn es natürlich auch keineswegs die Aufgabe der vorliegenden Arbeit sein konnte, die Zusammenhänge zwischen Blut- bzw. Serumbeschaffenheit und Leistung völlig zu klären, so sollte sie doch ein Beitrag zur Deutung der Fülle der offenen Fragen sein, die es auf diesem Gebiet noch gibt.

X. Literaturangaben

(1) ADLER, Erich, in Bethe-Bergmann: „Handbuch der normalen und patholog. Physiologie." Bd. VI, 1, Berlin (1928).

(2) ANTWEILER, H. J.: „Die quantitative Elektrophorese in der Medizin." Verl. Springer, Berlin (1952).

(3) ATTINGER, Hans: „Beiträge zur Kenntnis von Körperform und Leistung." Diss. Bern (1904).

(4) AUGUSTIN, Erich: „Körperform und Milchleistung." 33. Flugschrift der Deutschen Ges. f. Züchtungskunde, Berlin (1915).

(5) BACON F. CHOW: „The correlation between the albumin and γ-globulin contents of plasma." (Die Beziehung zwischen Albumin und γ-Globulingehalt des Plasmas.) Zit. n. Rohner, Bd. 136, H. 3/4.

(6) BAUER, K. H.: „Konstitutionsforschung beim Menschen." Züchtungskunde **1**, 172 (1926).

(7) BECHHOLD, H.: „Die Kolloide in Biologie und Medizin." 177 und 343.

(8) BENNHOLD, KYLIN, RUSZNYAK: „Die Eiweißkörper des Blutplasmas." Verl. Steinkopff, Dresden und Leipzig (1939).

(9) BERGSTERMANN, H.: „Über den Einfluß der Glyko- und Mucoproteide auf die Hitzestabilität der Serumeiweißkörper." Klin. Wochenschrift, 392 (1952).

(10) BERNDT, Erhard: „Chemisch-physikalische Blutuntersuchungen, ihr Wert für die Beurteilung der Konstitution und Leistungsfähigkeit, und ein Beitrag zur Blutgruppenbestimmung zum Zwecke des Individualitätsnachweises." Abhandl. d. Instituts f. Tierzucht und Milchwirtschaft an der Universität Leipzig, Heft 21, Verl. Springer, Berlin (1929).

(11) BIBER, Karl: „Untersuchungen über das Verhalten der Leukozytenzahl im Rinderblut." Diss. Bern (1908).

(12) BÖTTGER, Theodor: „Konstitution und rotes Blutbild." Zeitschrift f. Tierzücht. und Züchtungsbiol. **7**, 1 (1926).

(13) BOGDANOW, E. A.: „Einige Beobachtungen über den Zusammenhang zwischen Körperform und Leistung bei den Kühen." Journ. f. Landwirtschaft **45**, 271 (1897).

(14) BOGUTH, W.: „Papierelektrophoretische Untersuchungen von Hundeserum." Die Naturwissenschaften, 22 (1953).

(15) BOGUTH, W., und RIECK, G. W.: „Papierelektrophoretische Untersuchungen bei der hyperplast. Endometritis und Pyometra der Hündin." Berl. Münch. Tierärztl. Wschr., 3 (1953).

(16) BONSMANN, M. R.: „Zur Beurteilung einer amerikan. Feldmethode der Bestimmung von Hämoglobin und Serumeiweißgehalt im Blut." Dt. Med. Wschr. **72**, 710.

(17) BONSMANN, M. R., und WIESNER, Ekkehard: „Über Serumeiweißbestimmungen bei Mensch und Tier und ihre Bedeutung für die Veterinärmedizin." Berl. Münch. Tierärztl. Wschr., 54 (1951).

(18) BUBB, W., und PEDRAZZINI, A.: „Einfluß der Nahrungsaufnahme auf den Ausfall einiger Serumeiweißreaktionen." Schweiz. Med. Wschr. **79**, 8, 167 (1949).

(19) CLASS, Alfred: „Vergleichende Untersuchungen der Kadmiumsulfatreaktion mit der Takata-Ara-Reaktion, der Mancke-Sommer-Reaktion, der BSG und dem Bilirubinspiegel im Serum." Dt. Med. Wschr. 271 (1951).
(20) CREMER, H., u. TISELIUS, A.: „Elektrophorese von Eiweiß in Filtrierpapier." Biochem. Zeitschr. **320**, 273 (1950).
(21) DEPNER, M.: „Ergebnisse der Hämoglobin- und Serumeiweißbestimmungen im Rahmen der Reihenuntersuchungen in Hessen." Klin. Wschr. 441 (1950).
(22) DUERST, Ulrich: „Die Beurteilung des Pferdes." Verl. Encke, Stuttgart (1922).
(23) DUERST, Ulrich: „Neue Forschungen über die Konstitution unserer Haustiere." Heft 2 der Mitt. d. Gesellschaft schweiz. Landwirte (1923).
(24) DUERST, Ulrich: „Die konstitutionelle Beeinflussung der Leistungen beim Rinde und die praktischen Hilfsmittel zur Selektion." Züchtungskunde **2**, 1 (1927).
(25) DUERST, Ulrich: „Grundlagen der Rinderzucht." Verl. Springer, Berlin (1931).
(26) EBEL, K. H.: „Papierelektrophoretische Untersuchungen der Bluteiweißverhältnisse bei Hunden, Rindern und Kälbern." Zentralblatt für Vet.-Med. I, **1**, 70 (1953).
(27) ENGELER, W.: „Gesundheit als Zuchtziel." Vortrag München, Sept. 1953, und Fortpflanzung, Zuchthygiene und Haustierbesamung **4**, 4 (1954).
(28) FAHRAEUS: „Über die Ursachen der verminderten Suspensionsstabilität der Blutkörperchen." Biochem. Zeitschr. **89**, 355 (1918).
(29) FEIGE, E.: „Typ" in Stang-Wirth: Tierheilkunde und Tierzucht, Bd. 10, 290.
(30) FEIGE, Ernst: „Typmerkmale beim Rind und ihre exakte Bestimmung." Züchtungskunde **3**, 343 (1928).
(31) FREIMUTH, Ullrich: „Studien über die Eiweißkörper des Milchserums." Habilitationsschrift, Berlin (1952).
(32) FRIEDERICI, Lothar: „Über die Abhängigkeit der Kadmium-Reaktion vom Alter des Serums und von der Raumtemperatur." Zeitschr. f. d. ges. inn. Med., 86 (1950).
(33) FRIMBERGER, Ferdinand: „Eine Modifikation des Weltmannschen Koagulationsbandes." Dt. Med. Wschr., H. 33/34 (1949).
(34) FRIMMER, Max: „Über die Chemie der Formolgel-Reaktion." Dt. Med. Wschr. 1581 (1949).
(35) GAUDE, W.: „Die Beziehungen zwischen Körperform und Leistungen in der Rindviehzucht." Arbeiten d. Dt. Gesellschaft f. Züchtungskunde, Heft 7, Verl. Schaper, Hannover (1911).
(36) GÄRTNER, R., und HEIDENREICH, C. H.: „Konstitution und individuelle Leistung." Züchtungskunde **3**, 209 (1928).
(37) van GELDER, Robert Herman: „Blutbeschaffenheit und Körperbau bei Hochgebirgs- und Niederungsvieh." Diss. Utrecht (1927).
(38) GMELIN, Walter: „Das Äußere des Pferdes." Verl. Schickhardt & Ebner, Stuttgart (1925).
(39) GOLF, A.: „Beiträge zur Konstitutions- und Leistungsforschung in der Tierzucht, nach Untersuchungen am Blute des Rindes." Züchtungskunde **4**, 425 (1929).
(40) GÖTZE, Richard: „Züchterisch-biologische Studien über die Blutausrüstung der landwirtschaftlichen Haustiere." Zeitschr. f. Konstitutionslehre IX, Heft 3/4, 217 (1924).
(41) GOWEN: Journ. Dairy Sci. **3**, 1 (1920).
(42) GRASSMANN, W., und HANNIG, K.: „Ein einfaches Verfahren zur Analyse der Serumproteine und anderer Serumgemische." Die Naturwissenschaften **37**, 497 (1950).
(43) GRASSMANN, HANNIG, KNEDEL: „Elektrophoretische Bestimmung der Serumproteine auf Filtrierpapier." Dt. Med. Wschr., 333 (1951).

(44) GRISSON, Wilhelm, SCHULER, Bruno und SCHUSTER, Hans F.: „Elektrophorese im klinischen Laboratorium.“ Klin. Wschr. 751 (1950).

(45) GÜLZOW: „Plasmaeiweißkörperregulation.“ Klin. Wschr. 518 (1947).

(46) GÜNTHER, Friedrich, und GÜNTHER, Karl: „Die Beurteilungslehre des Pferdes bezüglich dessen Dienst-, Zucht- und Handelswerthes.“ Hahnsche Hofbuchhandlung, Hannover (1859).

(47) GÜNTHER, Hans: „Umweltbedingte zeitliche Schwankungen der physiologischen Richtwerte des Blutes.“ Dt. Med. Wschr. (1949).

(48) HAGEN, Horst: „Beitrag zur fraktionierten Eiweißbestimmung im Serum.“ Klin. Wschr. 310 (1950).

(49) HALLMANN, Lothar: „Klin. Chemie und Mikroskopie.“ Verl. Thieme, Leipzig (1939).

(50) HANATSCHEK, H.: „Die sog. Labilitätsteste als Leberfunktionsprobe.“ Ärztl. Wschr. 772 und 789 (1952).

(51) v. HARNACK, Gustav-Adolf: „Technik und Fehlerbreite bei der Blutkörperchenzählung.“ Zeitschr. f. ges. inn. Med., 627 (1951).

(52) HARTMANN, Fritz: „Zur Theorie und Methode der Serumeiweißreaktion mit Kadmiumsulfat.“ Zeitschr. f. ges. inn. Med. **3**, 451 (1948).

(53) HAVEMANN, August Conrad: „Anleitung zur Beurtheilung des äußern Pferdes.“ 2. Aufl., Hannover (1805).

(54) HEITE, Hans-Joachim, und RAUSCH, Ludwig: „Über den diagnostischen Wert der Costa-Reaktion auf Grund korrelationsstatistischer Untersuchungen.“ Klin. Wschr. 401 (1950).

(55) HERKEN, Hans: „Untersuchung an Serumproteinen bei Eiweißmangelernährung.“ Ärztl. Wschr. **17/18** (1949).

(56) HERKEN, Hans, und REMMER, H.: „Über die Bedeutung des Nahrungseiweiß für die Synthese der Serumproteine.“ Ärztl. Wschr. 289 (1946).

(57) HERRNRING, Günther: „Die Eiweißwerte im Serum bei Hungerschaden.“ Klin. Wschr. **19/20** (1948).

(58) HERRNRING, Günther, und BORELLI, Siegfried: „Über den Aminosäuregehalt im Blutserum unter bes. Berücksichtigung des Eiweißmangelzustandes.“ Klin. Wschr. **27/28** (1948).

(59) HEUSSER, H., und SCHNEIDER, J.: „Einfache Gesamteiweißbestimmung im Serum und Plasma mit der Kupfersulfatmethode nach Philipps und van Slike.“ Schweiz. med. Wschr. 1327 (1947).

(60) HIRSZFELD, L.: „Die Konstitutionslehre im Lichte serologischer Forschung.“ Klin. Wschr. **26**, 1180 (1924).

(61) HOGREVE, F. und LEHMANN, C. F.: „Typ und Tuberkulose bei Milchkühen des schwarzbunten Niederungsviehs“ Tierzüchter, 501 (1951)

(62) HORN, Valentin, und BOGUTH, W.: „Serumlabilitätsprüfungen bei Haustieren.“ Dt. tierärztl. Wschr., 368 (1951).

(63) HUBER, Alfred: „Untersuchungen über Korrelationen von Milch, Haarfarbe, Schilddrüse zur Trockensubstanz des Blutes beim schweiz. Braunvieh.“ Diss. Bern (1924).

(64) JOHANNSEN, W.: „Elemente der exakten Erblichkeitslehre.“, 3. Aufl., Verl. Gustav Fischer, Jena (1926).

(65) KANTHER, H.: „Untersuchungen über Beziehungen zwischen Senkungsgeschwindigkeit der Erythrozyten und dem Verhalten des Albumin-Globulin-Gehaltes sowie der Sublimatprobe bei gesunden und kranken Pferden.“ Diss. Hannover (1937).

(66) KAUDER, Gustav: „Zur Kenntnis der Eiweißkörper des Blutserums.“ Arch. f. exp. Pathologie u. Therapie **20**, 411 (1896).

(67) KIHN, L., HANUSCH, A., DÖLITZSCHER, E.: „Vergleichende Untersuchungen mit der Takatareaktion, dem Weltmannschen Koagulationsband, der Salzsäure-kollargol-, Kadmiumsulfat- und Formolgelreaktion." Zeitschr. f. ges. inn. Med., 102 (1951).

(68) KLEEBERG, Erich: „Das Blutbild des gesunden Schafes." Diss. Halle (1927).

(69) KLEBERGER, W.: „Beitrag zur Beantwortung der Frage: Welcher Zusammenhang besteht beim Rinde zwischen der Milchergiebigkeit und den durch Maße feststellbaren Formen des Tierkörpers?" Diss. Jena (1902).

(70) KRÄMER, Adolf: „Das schönste Rind." Zürich (1883).

(71) KRETZ, J.: „Das Verhalten des Weltmannschen Koagulationsbandes nach operativen Eingriffen." Wiener klin. Wschr. **16**, 592 (1933).

(72) KRONACHER, C.: „Biometrik." Verl. Parey, Berlin (1924).

(73) KRONACHER, C.: „Konstitution, Konstitutionsmerkmale, Konstitutionsforschung in der Tierzucht." Züchtungskunde **1**, 208 (1926).

(74) KRONACHER, C., BÖTTGER, Th., OGRIZEK, A., und SCHÄPER, W.: „Bluttrockensubstanz, Individuum und Rasse." Zeitschr. f. Tierzüchtung u. Züchtungsbiol. VIII, 183 (1927).

(75) KRONACHER, C., BÖTTGER, Th., und SCHÄPER, W.: „Blutwerte, Konstitution und Leistung." Zeitschr. f. Tierzüchtung u. Züchtungsbiol. XI, 318 (1928).

(76) KÜHN, Julius: „Die zweckmäßigste Ernährung des Rindviehs vom wissenschaftlichen und praktischen Gesichtspunkte." Dresden (1887).

(77) KÜRTEN, H.: „Formolgelatinisierungsreaktion." Klin. Wschr. 1704 (1929).

(78) LEEMANN, Werner: „Die Kadmium-Reaktion nach Wuhrmann und Wunderly im Blutserum vom Pferd." Diss. Zürich (1946).

(79) LEHMANN, Werner: „Studien über den Zusammenhang von Wüchsigkeit mit Trockensubstanz und Alkaligehalt des Blutes bei Schweinen." Diss. Bern (1925).

(80) LEROY: C. r. de la Stat. expérim. volante de l'Office agricole régional du Nord, 24 (1928).

(81) LEY, Hans: Modifikation des Weltmannschen Koagulationsbandes zur Steigerung seiner Empfindlichkeit als Leberfunktionsprobe" Klin. Wschr. 344 (1950)

(82) LINKE, Adolf: „Über die Formolgelreaktion." Dt. Zeitschr. für Verdauungs- u. Stoffwechselkrankh. 8, H. 4/6, 225 (1944).

(83) LINKE, Adolf: „Vergleichende Untersuchungen der Kadmiumsulfatreaktion mit der BSG, Takata-Reaktion, Eiweiß-Zentrifugier-Reaktion, dem Weltmannschen Koagulationsband und der Formolgelprobe." Med. Klinik **18** (1949).

(84) LINKE, Adolf, und STECKERT, Heinz: „Die Formolgelreaktion im Plasma und Serum als Teil des humoralen Blutbildes." Dt. Med. Wschr. **74**, 103 (1949).

(85) LINZENMEYER: „Untersuchungen über die Senkungsgeschwindigkeit der roten Blutkörperchen." Pflügers Archiv **186**, 172 (1921).

(86) LIPPROS, O., und ENGEL, H.: „Über die differentialdiagnostische und prognostische Bedeutung wiederholter Parallelbestimmungen der Blutkörperchensenkungsgeschwindigkeit, der Costaschen Reaktion und des Weltmannschen Koagulationsbandes." Klin. Wschr. 453 (1941).

(87) LOWRY und HASTINGS: J. biol. Chem. (Am.) 143: 257 (1942).

(88) LÜNEBURG, H.: „Papierelektrophoretische Bluteiweißbestimmungen bei Rindern unter Berücksichtigung des pathologisch-anatomischen Befundes." Diss. München (1953).

(89) LYDTIN, A.: „Rechenknecht." Anleitungen der DLG Nr. 7, Berlin (1896).

(90) LYDTIN, A., und JUNGHANS: „Körpermessungen an Rind und Schwein." Berlin (1897).

(91) VON DER MALSBURG, Karol: „Die Zellengröße als Form- und Leistungsfaktor der landwirtschaftlichen Nutztiere." Arbeiten der Dt. Ges. f. Züchtungskunde, Heft 10, Verl. Schaper, Hannover (1911).

(92) MAREK, J., und MOCSY, J.: „Lehrbuch der klinischen Diagnostik." 4. Aufl., Verl. Fischer, Jena (1950).

(93) MARTI, Joseph: „Studien über die Variation der Bluttrockensubstanz und deren Zusammenhang mit der Milchleistung bei Stallhaltung einer gleichartigen Viehpopulation." Diss. Bern (1924).

(94) MUDRA, A.: „Einführung in die Methodik der Feldversuche." Verl. Hirzel, Leipzig (1952).

(95) MÜLLER, Franz: „Lehre vom Exterieur des Pferdes." 6. Aufl., Verl. Wilh. Braumüller, Wien (1901).

(96) MÜTING, Dieter: „Beitrag zur Diagnostik von Eiweißmangelschäden." Z. f. d. ges. inn. Medizin **1/2**, 50 (1949).

(97) NAEGELI: „Blutkrankheiten und Blutdiagnostik." 3. Aufl. (1919).

(98) VON NATHUSIUS, Hermann: „Vorträge über Viehzucht und Rassenkunde." Zit. n. STEGMANN (134).

(99) NEUENSCHWANDER, Werner: Vergleichende biometrische Studien über den Zusammenhang einiger Körpermaße, der Bluttrockensubstanz und der Haare mit der Milchleistung beim braunen Haslivieh." Diss. Bern (1926).

(100) NIETZSCHE, Max: „Untersuchungen über die Beziehung der Hautstärke und der Milchergiebigkeit der Kühe." Züchtungskunde **1**, 159 (1926).

(101) OPPERMANN, Adolf: „Weitere Beiträge zu einem Serumstatus." Z. f. d. ges. inn. Medizin 553 (1951).

(102) OPPERMANN, Adolf: „Über die Kupfersulfatmethode zur Gesamteiweißbestimmung im Serum." Klin. Wschr. **35/36**, 602 (1949).

(103) OPPERMANN, Adolf, und LAMPE, Annemarie: „Untersuchungen mit empfindlichen Serumeiweißreaktionen." Z. f. d. ges. inn. Medizin, 633 (1951).

(104) OSTWALD, Wolfgang: „Praktikum der Kolloidchemie." 3. Aufl. Verl. Steinkopff, Dresden und Leipzig.

(105) OTT, Hans: „Serumeiweißveränderungen durch eine interkurrente Pneumonie bei einem γ-Plasmazytom. Dt. Med. Wschr., 142 (1951).

(106) OVERBOSCH, Harmen Willem: „Statistische Studien über Rinderbeurteilung nach Körpermaßen." Diss. Bern (1912).

(107) PARADE: „Bericht über die 55. Tagung der Dt. Med. Gesellschaft." Dt. Med. Wschr. **35/36**, 1084 (1949).

(108) PEDRAZZINI, A., ROSSI, G., und WUHRMANN, F.: „Über die prognostische Bedeutung der Kadmiumsulfatreaktion im Blutserum für den Verlauf der Lungentuberkulose." Schweiz. med. Wschr. **13/14**, 289 (1949).

(109) POTT, Emil: „Der Formalismus in der landwirtschaftlichen Tierzucht." München (1899).

(110) PUSCH, G.: „Beurteilungslehre des Rindes." Berlin (1896).

(111) PUSCH, G., und HANSEN, J.: „Lehrbuch der allg. Tierzucht." 4. Aufl., Verl. Ferd. Enke, Stuttgart (1919).

(112) RAPPAPORT, Friedrich: „Mikrochemie des Blutes." Wien und Leipzig (1935).

(113) REISER, Mario: „Die Kupfersulfatmethode zur schnellen und quantitativen Bestimmung von Eiweiß im Blut und anderen Körperflüssigkeiten." Dt. Med. Wschr. **41/42**, 532 (1948).

(114) REMMER, Herbert: „Die Veränderungen der Plasmaproteine bei chronischem Eiweißmangel." Z. f. d. ges. inn. Medizin **7/8**, 228 (1948).

(115) RICHTER, Fridolin: „Untersuchungen über Beziehungen der Blutbeschaffenheit zu Alter, Gravidität, Milchleistung, Rasse ... " Kühn-Archiv, Verl. Parey, Berlin **11**, 138 (1926).

(116) ROLOFF, F.: „Die Beurteilungslehre des Pferdes und der Zugochsen." Halle (1870).

(117) VON RUEFF, A.: „Das Äußere des Pferdes und seine Fehler." Verl. Eugen Ulmer, Stuttgart (1885).

(118) SCHÄPER, Wilhelm: „Die Verbesserung der Konstitution unserer Haustiere." Verl. Parey, Berlin und Hamburg (1949).

(119) SCHEIFFARTH, Friedrich, und BERG, Gerhard: „Über die Beziehungen zwischen Komplementtiter und Serum-Salzsäure-Collargol-Reaktion." Z. f. d. ges. inn. Medizin, 433 (1951).

(120) SCHENKENBACH, Hans: „Der Einfluß des Weideganges auf die Bildung von roten Blutkörperchen im Vergleich zur Stallhaltung." Züchtungskunde **1**, 295 (1926).

(121) SCHILLING, Viktor: „Zur Geschichte des Blutbildes." Das Dt. Gesundheitswesen, 788 (1950).

(122) SCHILLING, Viktor: „Die Hämogrammauswertung in Klinik und Praxis." Med. Klinik 161 und 193 (1951).

(123) SCHMIDT, Jonas: „Beziehungen zwischen Körperform und Leistung bei den Milchkühen." Verl. Schaper, Hannover (1909).

(124) SCHMIDT, J., v. PATOW, C., und KLIESCH, J.: „Züchtung, Ernährung und Haltung der landwirtschaftlichen Haustiere." Bes. Teil, 5. Aufl., Verl. Parey, Berlin und Hamburg (1950).

(125) SCHÖNENBERGER, Johann Martin: „Studien über den Zusammenhang einiger Körperdimensionen mit der Bluttrockensubstanz beim reinrassigen Braunvieh." Diss. Bern (1924).

(126) SCHULTZ, Eduard: „Untersuchungen über die Beziehungen der Blutbeschaffenheit zu der Leistungsfähigkeit von Milchkühen." Fühlings Landwirtschaftliche Zeitung IV Jahrgang, 272 (1906).

(127) SEELEMANN, M.: „Biologie der bei Tieren und Menschen vorkommenden Streptokokken." Verl. Hans Carl, Nürnberg (1948).

(128) SEELEMANN, M.: „12 Jahre Abortus-Bang-Bekämpfung." Monatshefte f. Vet. Med. **7** (1953).

(129) SETTEGAST, H.: „Tierzuchtlehre." Bd. 1, Breslau (1888).

(130) SEYFFER, Fr., und HENNE, H.: „Klinische Erfahrungen über das Weltmannsche Koagulationsband nach der Modifikation von Frimmer." Dt. Med. Wschr., 1340 (1950).

(131) SNEDECOR, George W.: „Statistical Methods." The Iowa State College Press, 4. Ausgabe (1946).

(132) STAHL, Wilhelm: „Die Knochenstärke des Schweines und ihre Bedeutung für Beurteilung und Leistung." Monatshefte für Vet. Med., 216 (1951).

(133) STEGMANN, P.: „Beobachtungen über das Exterieur der Milchkuh, zunächst am baltischen Anglerrinde." Landwirtschaftliche Jahrbücher **31**, 831 (1901).

(134) STEGMANN VON PRITZWALD, F. P.: „Die Beurteilungslehre des Pferdes." Verl. Schaper, Hannover (1926).

(135) STRÖHLE, Otto: „Die Blutkörperchensenkungsreaktion beim Rind und ihre klinische Verwendbarkeit." Diss. München (1950).

(136) TILLMANNS, Josef, und OHNESORGE, Gerhard: „Praktikum der klinischen, chemischen, mikroskopischen und bakteriologischen Untersuchungsmethoden." 15. Aufl., Verl. Urban und Schwarzenberg, Berlin und Wien (1944).

(137) TISELIUS, A.: Biochem. J. (Brit.) **31**, 313 und 1464 (1937).

(138) TURBA, F., und ENENKEL, H. J.: „Elektrophorese von Proteinen in Filtrierpapier." Die Naturwissenschaften, Jg. 37, 93 (1950).

(139) URBAN, N., und RISS, H.: „Vergleichende Untersuchungen zur Gesamteiweißbestimmung im Serum mit Hilfe der Kupfersulfatmethode." Ärztl. Wschr., 870 (1950).
(140) UTIGER, Ernst: „Über den Einfluß der Thyreoidea auf die Beschaffenheit des Blutes und ihre Bedeutung für die Konstitution und die Farbe der Tiere." Diss. Bern (1925).
(141) WAGNER, A.: „Über die quantitative Auswertung von Papierchromatogrammen." Dt. Tierärztl. Wschr. **25/26**, 272 (1953).
(142) WEITBRECHT: „Serumeiweißwerte bei Kindern." Dt. Med. Wschr. **38**, 1146 (1949).
(143) WELTMANN, Oskar: „Über die Spiegelung exsudat.-entzündlicher und fibrinöser Vorgänge im Blutserum." Med. Klinik **7**, 240 (1930).
(144) WELTMANN, O., und SIEDER: Wien. Arch. inn. Medizin **24**, 321 (1934).
(145) WELTMANN, O., und MEDVEI: „Untersuchungen über die Serumkoagulation." Z. f. klin. Medizin **118**, 670 (1931).
(146) WENZEL, Eduard: „Über quantitative und qualitative Veränderungen der Plasmaproteine unter Hormongaben." Z. f. ges. inn. Medizin **11/12**, 357 (1949).
(147) WERNER, H.: „Die Rinderzucht." Verl. Parey, Berlin (1912).
(148) WESTERGAARD, H.: „Die Grundzüge der Theorie der Statistik." Zit. nach OVERBOSCH (106).
(149) WIESNER, Ekkehard: „Die physiologischen Werte einiger Eiweißlabilitätsreaktionen und der Gesamteiweißgehalt des Serums unserer wichtigsten Haustiere und die Möglichkeit ihrer Verwendung zu pharmakologischen und diagnostischen Zwecken." Diss. Berlin (1951).
(150) WIESNER, Ekkehard: „Eine Modifikation der Blutkörperchensenkungsreaktion beim Rind." Manuskript, Institut für Tierzucht der Vet.Med. Fakultät der Hiumboldt-Universität zu Berlin (1953).
(151) WIESNER, Ekkehard: „Das normale Differentialblutbild des Kaninchens." Arch. f. Geflügelzucht und Kleintierkunde, **2**, 2 (1953).
(152) WIESNER, Ekkehard: „Beitrag zur Eiweißdifferenzierung im Rinderserum." Monatsh. f. Vet. Med. 384 (1954)
(153) WIESNER, Horst: „Vergleichende Untersuchung über die qualitätsdiagnostische Bedeutung der Serumreaktion mit Hayemscher Lösung (Gros) mit der Blutsenkungsgeschwindigkeit (Westergreen) beim Scharlach." Z. f. ges. inn. Medizin, 138 (1951).
(154) WILCKENS, Martin: „Briefe über landwirtschaftliche Tierzucht." Verl. Carl Gerold, Wien (1878).
(155) WILDFÜHR, Georg: „Über die Einwirkung von Wetterfronten auf Leukozyten und Blutplättchen." Z. f. ges. inn. Medizin, 342 (1951).
(156) WIRTH, David: „Klinische Hämatologie." 2. Aufl. Verl. Urban und Schwarzenberg, Wien und Innsbruck (1952).
(157) WISE und GUTMANN: „Die Formolgelreaktion." Amer. J. med. Sci. **194**, 263 (1937).
(158) WITTFOGEL, H.: „Über die Formolgelatinierungsreaktion als Hilfsmittel zur Feststellung der ansteckenden Blutarmut." Z. f. Infektionskrankheiten, parasitäre Erkrankungen und Hygiene der Haustiere, Band IV, Heft 2, 175 (1939).
(159) WOLFSON, W.: „Untersuchungen über Serumproteine." J. Lab. clin. Med. **33**, 10, 1276 (1948).
(160) WUHRMANN, Ferdinand und WUNDERLY, Charlie: „Über das Nephelogramm der Verdünnungsreihe nach Weltmann als neue klinische Untersuchungsmethode der Bluteiweißkörper." Z. f. klin. Medizin, 606 (1941).
(161) WUHRMANN, Ferdinand, und WUNDERLY, Charlie: „Das Nephelogramm des Hitzekoagulationsbandes nach Weltmann." Klin. Wschr. **22**, 564 (1941).

(162) WUHRMANN, F., und WUNDERLY, Ch.: „Über das Nephelogramm der Verdünnungsreihe nach Weltmann als neue klinische Untersuchungsmethode der Bluteiweißkörper." Z. f. klin. Medizin, 369 (1942).
(163) WUHRMANN, F., und WUNDERLY, Ch.: „Die Kadmiumsulfatprobe, eine Schnellreaktion für die Praxis." Schweiz. med. Wschr. **24** (1946).
(164) WUHRMANN, F., und WUNDERLY, Ch.: „The effect of experimental increases in the γ-globulin and albumin content of sera on the repónse given by turbidity an flocculation tests." Brit. Journ. of Exper. Pathol. Vol. XXVIII, p. 286 (1947).
(165) WUHRMANN, F., und WUNDERLY, Ch.: „Die Bluteiweißkörper des Menschen." Verl. Benno Schwabe, Basel, 2. Aufl. (1952).
(166) WUHRMANN, F., WUNDERLY, Ch., und HUGENTOBLER, F.: „Über die Kombination der Weltmann-Kalziumchloridhitzekoagulation mit der Kadmiumsulfattrübungsreaktion zur Abschätzung der Globulinunterfraktionen α, β_1, β_2 und γ." Dt. Med. Wschr. **42**, 1263 (1949).
(167) WUHRMANN, F., WUNDERLY, Ch., und de NICOLA, P.: „Über die Heterogenität der γ-Globuline im krankheitshalber veränderten Blutserum." Klin. Wschr. 667 (1950).
(168) WUNDERLY, Ch.: „Die kolloidchemische Grundlage des Hitzekoagulationsbandes nach Weltmann." Z. f. exp. Medizin **108**, 324 (1940).
(169) WUNDERLY, Ch., und WUHRMANN, F.: Schweiz. med. Wschr. **75**, 1128 (1945).
(170) WUNDERLY, Ch., und LEEMANN, W.: „Über neue klinisch-chemische Untersuchungsmethoden am Pferdeblut." Schweiz. Archiv f. Tierheilkd. **4**,181 und **11**, 529 (1946).
(171) ZEHNTNER, Leo: „Kritische biometrische Messungen an den Schweizer Rinderrassen." Diss. Bern (1917).
(172) ZÖLLNER, Nepomuk, EYMER, K.-Peter und SCHEIDE, Lotte: „Das Elektrophoresebild von Leberkranken." Klin. Wschr. 62 (1950).
(173) ZORN, Wilhelm und Mitarbeiter: „Beiträge zur Konstitutionsforschung bei unseren Haustieren." Z. f. Tierzücht. und Züchtungsbiol. XI, 345 (1928).
(174) ZORN, Wilhelm: „Rinderzucht." Verl. Eugen Ulmer, Stuttgart, 4. Aufl. (1951).

Zum Schluß meiner Arbeit ist es mir ein aufrichtiges Bedürfnis, meinem verehrten Lehrer, Herrn Professor Dr. phil. Wilhelm Stahl, für die Ermöglichung der Durchführung dieser Arbeit und seinen ständigen bereitwilligsten Rat bei der Überwindung aller Schwierigkeiten meinen tiefen Dank auszusprechen.

Kolibri 360 GmbH
Ferdinand-Jühlke-Straße 7
99095 Erfurt, Deutschland
produktsicherheit@kolibri360.de